高等学校电子与通信工程类专业系列教材

51 单片机原理与应用

实验指导

主 编 应 俊

副主编 黄沛昱 刘乔寿 石 鑫

西安电子科技大学出版社

内 容 简 介

本书从现代电子系统设计的角度出发，以 Keil μVision4 为集成开发环境、自制 51 单片机学习板为硬件载体、Proteus 为仿真软件，选用易于开发、便于移植的 C51 作为编程语言，介绍了 51 单片机技术及应用。所选实训项目具备基础性、典型性、设计性、综合性和创新性特点，且突出了 51 单片机技术的实用性和工程性。

全书包括 3 篇，根据"基本准备"—"基础模块单元实验"—"综合应用实训"的理念进行划分。第 1 篇为准备篇，主要讲解单片机应用系统的开发流程、51 单片机的主要开发工具及其使用。第 2 篇为基础篇，选取了 19 个实验项目，侧重于介绍 51 单片机主要基本功能模块的应用。第 3 篇为综合篇，其中包括 5 个综合实训项目，选取了常用接口总线系统以及红外、无线通信等系统的设计实例。

本书可作为高等学校电子信息工程、电子科学与技术、通信工程、信息工程等电子信息类专业的实验教材，也可作为工程技术人员的参考用书。

图书在版编目(CIP)数据

51 单片机原理与应用实验指导/应俊主编. —西安：
西安电子科技大学出版社，2013.2(2024.8 重印)
ISBN 978–7–5606–2999–5

Ⅰ. ① 5… Ⅱ. ① 应… Ⅲ. ① 单片微型计算机 Ⅳ. ① TP368.1

中国版本图书馆 CIP 数据核字(2013)第 020539 号

策　　划　邵汉平
责任编辑　邵汉平
出版发行　西安电子科技大学出版社(西安市太白南路 2 号)
电　　话　(029)88202421　88201467　　邮　　编　710071
网　　址　www.xduph.com　　　　　　　电子邮箱　xdupfxb001@163.com
经　　销　新华书店
印刷单位　广东虎彩云印刷有限公司
版　　次　2013 年 2 月第 1 版　　2024 年 8 月第 4 次印刷
开　　本　787 毫米×1092 毫米　1/16　印　张　10.5
字　　数　246 千字
定　　价　26.00 元

ISBN 978–7–5606–2999–5

XDUP 3291001–4
如有印装问题可调换

前　言

单片机自问世以来，已广泛应用于工业自动化、智能仪表、消费类电子产品、通信、武器装备、汽车等领域。单片机技术是电子工程师必须掌握的一门技术。

2008 年，我校电子技术教研中心单片机课程组以电工电子开放实验基地平台建设为契机，开始着手单片机课程改革，在仔细分析单片机课程特点以及学生培养目标的基础上，确定了以 51 单片机为主，"61"、"盛群"等单片机为辅，从强化实践环节入手的单片机课程建设思路。

至今，我们已成功构建了多层次与多形式的"理论+实践"、"硬件+软件"、"实做+仿真"、"模块+系统+创新"立体化教学体系。新的单片机教学体系跨越三个教学周期，分为"硬件准备阶段"、"功能模块学习实践阶段"和"系统设计阶段"。三个阶段紧密联系，层层递进。

为配合课程改革，课程组自行设计开发了 51 单片机学习板。学习板小巧实用，学生人手一块，使得学生在单片机实践学习时，不受实验室和实验箱的束缚，真正获得了时间和空间的无限延伸。该学习板选用 SST89E516RD 单片机，具有 IAP 和 ISP 功能，支持硬件在线仿真，方便调试，无需仿真器和烧录器，使用方便且节省学习成本。学习板在设计中充分考虑了后续的开发使用，在保证了基本外设资源后，还预留有大量的 I/O 口资源。

在总结教学改革成效的基础上，根据课程教学要求，以提高学生的实践动手能力和工程设计能力为目的，从应用的角度出发，我们编写了本书。本书包括 3 篇，根据"基本准备"—"基础模块单元实验"—"综合应用实训"的理念进行划分。

第 1 篇为准备篇，主要讲解单片机应用系统的开发流程、51 单片机的主要开发工具及其使用，包括 ARM 公司的集成开发环境 Keil μVision4，英国 Labcenter Electronics 公司的仿真软件 Proteus，我们自行设计开发的硬件学习载体——51 单片机学习板，以及 SST 公司推出的针对 SST 单片机程序下载的工具软件 SSTEasyIAP 和 Boot-Strap Loader。

第 2 篇为基础篇，主要是基本功能模块实验，介绍了 51 单片机的主要基本功能模块，包括 C51 语言、51 单片机外部中断、定时器中断、定时器/计数器、串口通信、51 单片机的系统扩展、数码管显示控制以及独立按键和键盘矩阵的控制等，针对主要知识点设计有相应的实验内容。

第 3 篇为综合篇，主要是综合应用，其中包括五个综合实训项目，选取了 1-wire 总线系统、SPI 总线系统和 I²C 总线系统等常用接口系统，以及红外、无线通信等系统的设计实例，具有一定的代表意义和实用价值。

学生王国梁、林乐轩为本书部分程序的调试付出了辛勤的汗水，在此表示感谢！

限于作者水平，书中难免存在纰漏，敬请读者批评指正。

作者邮箱：yingjun@cqupt.edu.cn。

作　者

2012 年 11 月于重庆邮电大学

目　　录

Part 1

准备篇

——51 单片机开发工具介绍及使用

本篇主要讲解单片机应用系统的开发流程和 51 单片机的主要开发工具，包括 ARM 公司的集成开发环境 Keil μVision4，英国 Labcenter Electronics 公司的仿真软件 Proteus，自行设计开发的硬件学习载体——51 单片机学习板，以及 SST 公司推出的针对 SST 单片机程序下载的工具软件——SSTEasyIAP 和 Boot-Strap Loader 软件。

1.6 节和 1.7 节用两个示例演示了软件仿真和硬件联调的基本操作流程。

通过学习本篇内容，读者将熟悉 51 单片机开发工具的使用，为后续学习做好准备。

1.1 单片机应用系统开发流程简介

单片机应用系统是指以单片机为控制核心，配以一定的外围电路，能够实现一定功能的系统。

开发设计单片机应用系统主要包括以下几个步骤(如图 1.1.1 所示)：

(1) 项目分析、拟定设计方案；

(2) 根据拟定的设计方案进行软、硬件设计；

(3) 系统联调、测试，结合项目要求修改软、硬件设计，直至完全符合要求。

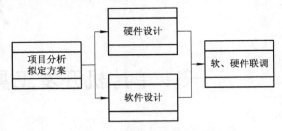

图 1.1.1 单片机应用系统开发流程

1.2 51 单片机开发工具 Keil C51 简介

Keil C51 是 Keil 公司(2005 年被 ARM 公司收购)推出的支持 8051 微控制器体系结构的 Keil 开发工具，适合每个阶段的开发人员——不管是专业的应用工程师，还是刚学习嵌入式软件开发的学生。

Keil C51 被集成在功能强大的 μVision IDE(IDE，Intergrated Development Environment，集成开发环境)中。μVision IDE 是基于 Windows 系统的开发平台，集成有文件编辑处理、编译链接、项目管理、软件仿真模拟器以及 Monitor51 硬件目标调试器、实时操作系统等多种功能，如图 1.2.1 所示。

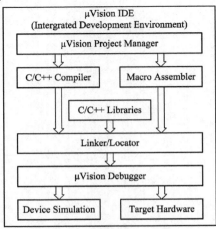

图 1.2.1 μVision IDE

Keil 公司推出了多个版本的 μVision，最新版本为 μVision4，完全兼容先前的版本。

1.3　仿真软件 Proteus 简介

Proteus 是由英国 Labcenter Electronics 公司开发的 EDA 工具软件，已有近 20 年的历史，在全球得到了广泛应用。Proteus 软件功能强大，集电路设计、制版及仿真等多种功能于一身，不仅能够对电工、电子技术学科涉及的电路进行设计与分析，还能够对微处理器进行设计和仿真，并且功能齐全，界面多彩，是近年来备受电子设计爱好者青睐的一款新型电子线路设计与仿真软件。

Proteus 是一个基于 ProSPICE 混合模型仿真器的、完整的嵌入式系统软硬件设计仿真平台。它包含 ISIS 和 ARES 应用软件：ISIS 是智能原理图输入、系统设计与仿真的基本平台；ARES 是高级 PCB 布线编辑软件。

1.4　硬件载体——51 单片机学习板

软件仿真结果往往会和实际有一定差别，所以我们需要一个学习单片机的硬件载体。为方便学习和使用，我们根据 51 单片机的特点以及学习规律，特别设计开发了 51 单片机学习板，如图 1.4.1 所示。

图 1.4.1　自制 51 单片机学习板

该学习板具有以下几个特点：

(1) 支持硬件在线联调：选用 SST 公司的 SST89E516RD 作为目标器件，该芯片采用 8051 内核，同时具备 ISP 和 IAP 功能，支持硬件在线仿真，方便调试，无需仿真器。

(2) 支持在线编程：使用了 SST Boot-Strap Loader 软件工具(详见 1.5 节)，可为写有 Boot Loader 监控程序的 SST MCU 直接烧写用户程序，无需编程器。

(3) 供电以及与 PC 机通信方便：仅需一根 USB 线即可完成对学习板的供电以及与 PC 机的通信，使用起来简单方便。

(4) 基本外设资源丰富：8 位数码管、4 个发光二极管以及 4×4 键盘矩阵。

(5) 可扩展性强：学习板在设计中充分考虑了后续的开发使用，预留有大量的 I/O 口资源，包括所有的 P2 口以及部分 P1 口，并提供有扩展接口。

本学习板的原理图参见附录 A，学习板所用元器件清单参见附录 B，学习板测试程序参见附录 C。

1.5　SSTEasyIAP 和 Boot-Strap Loader 软件

SSTEasyIAP 和 Boot-Strap Loader(BSL)是由 SST 公司提供的，方便 SST 单片机用户下载或上传应用软件到 SST 单片机的软件。这套软件包括：PC 端的应用程序 SSTEasyIAP 和单片机内部 8051 程序 BSL。SST 单片机在出厂时都已烧录有 BSL 软件。

使用 SSTEasyIAP 软件工具可为写有 BSL 监控程序的 SST MCU 直接下载用户程序，无需编程器。

如果将 BSL 下载监控程序转换为 SoftICE(Software In Circuit Emulator，即在线的软件仿真器)监控程序，即可实现单片机在线硬件仿真调试功能，而无需仿真器。以下讲解使用 SSTEasyIAP 软件和 Keil 软件完成 BSL 监控程序和 SoftICE 监控程序互换的操作流程。

1.5.1　BSL 监控程序替换 SoftICE 监控程序操作流程

BSL 监控程序替换 SoftICE 监控程序的操作流程如下所述：

(1) 运行 Keil 软件，启动 Debug。

(2) 进入 Debug 后，在"Command"栏键入命令，回车。如图 1.5.1 所示，图中"Convert_to_BSLx564.txt"文件保存在"E:\SST"路径下。

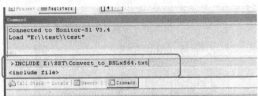

图 1.5.1　BSL 监控程序替换 SoftICE 监控程序操作(1)

(3) 执行完上图命令后，若出现如图 1.5.2 所示的界面，则表示转换成功，即 BSL 监控程序下载进了单片机。

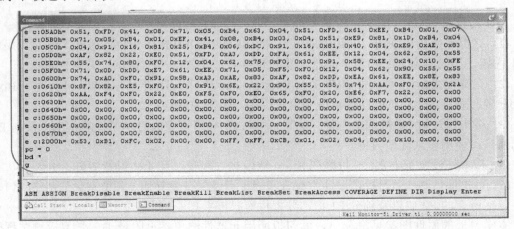

图 1.5.2　BSL 监控程序替换 SoftICE 监控程序操作(2)

1.5.2　SoftICE 监控程序替换 BSL 监控程序操作流程

本小节以 SSTEasyIAP11F.exe 软件为例，讲解用 SoftICE 监控程序替换 BSL 监控程序的操作流程：

(1) 打开 SSTEasyIAP11F.exe 程序，点击菜单"DetectChip/RS232"，将出现如图 1.5.3 所示的三个选项，由于目前出厂的 SST89E516RD 单片机带的 BSL 程序版本是 1.1F，所以选择第一项。

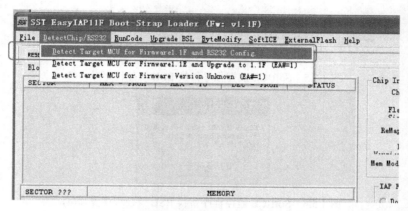

图 1.5.3　SoftICE 监控程序替换 BSL 监控程序操作(1)

(2) 选择芯片型号和程序存储器方式，如图 1.5.4 所示。程序存储器有两种方式：当 EA#=1 时，为内部程序存储器；当 EA#=0 时，为外部程序存储器。

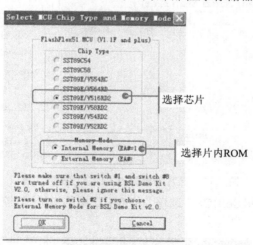

图 1.5.4　SoftICE 监控程序替换 BSL 监控程序操作(2)

(3) 选择端口、MCU 晶振和波特率。COM3 为当前连接单片机的端口；晶振频率指当前系统板上接的晶振频率。确定后，点击"Detect MCU"检测单片机，如图 1.5.5 所示。

(4) 先点击"确定"按钮，再复位 MCU(按学习板上的复位键)，如图 1.5.6 所示。这时单片机执行 BSL 程序，接收 PC 发出的数据，由于 EasyIAP 发出通信信号的时间不会超过 2 分钟，因此用户需要在 2 分钟内启动单片机，否则通信会失败。

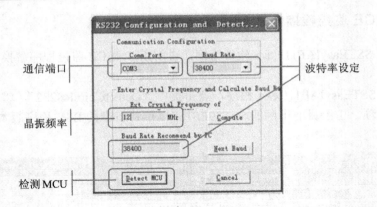

图 1.5.5　SoftICE 监控程序替换 BSL 监控程序操作(3)

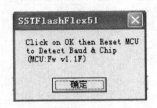

图 1.5.6　SoftICE 监控程序替换 BSL 监控程序操作(4)

通信成功后，窗口右上角会显示芯片信息和版本信息，如图 1.5.7 所示。

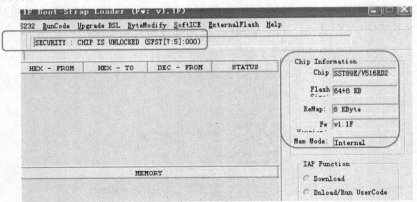

图 1.5.7　芯片型号和版本信息选择成功窗口

(5) 点击"DownLoad SoftICE"选项，将 MCU 中的 BSL 监控程序替换为 SoftICE 监控程序，如图 1.5.8 所示。

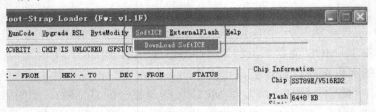

图 1.5.8　SoftICE 监控程序替换 BSL 监控程序操作(5)

(6) 点击"是"按钮，选择确认更换，如图 1.5.9 所示。

图 1.5.9 SoftICE 监控程序替换 BSL 监控程序操作(6)

程序替换成功后，会显示如图 1.5.10 所示的窗口。

图 1.5.10 SoftICE 监控程序替换 BSL 监控程序成功窗口

1.6 软件仿真操作流程示例(Keil C51 + Proteus)

软件仿真主要涉及 Keil C51 和 Proteus 两个软件的使用，下面以点亮一盏发光二极管为例讲解主要操作流程。

1.6.1 绘制仿真电路

绘制仿真电路的具体步骤如下：

(1) 运行 Proteus 软件，出现如图 1.6.1 所示的界面。

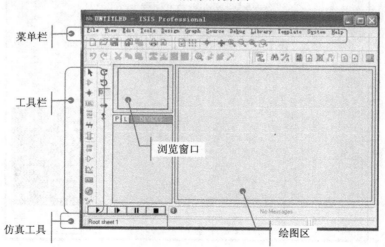

图 1.6.1 Proteus 界面

(2) 选中工具栏中的 ⇂ (Component Mode)，点击浏览窗口下的"P"键(Pick from

Labraries)，弹出如图 1.6.2 所示的对话框，拾取需要的元器件。

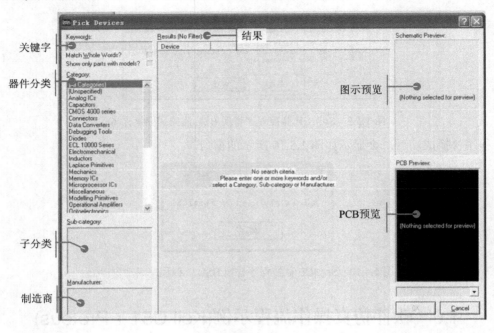

图 1.6.2　Pick Devices 对话框

拾取元器件的方法有多种：一种是自动搜索法，直接在"Keywords"栏键入元器件的部分关键字，在"Results"栏将显示指定分类中所有包含关键字信息的器件，如图 1.6.3 所示；还有一种方法是按器件分类逐一查找。

此处拾取元器件单片机(AT89C51)、电阻(RES)、红色发光二极管(LED-RED)。

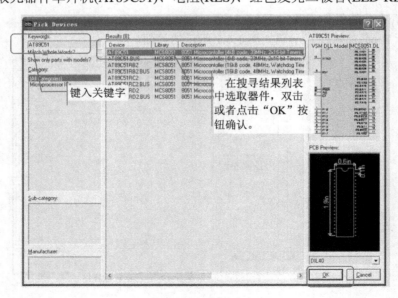

图 1.6.3　拾取元器件

(3) 在绘画框中放置元器件，如图 1.6.4 所示。

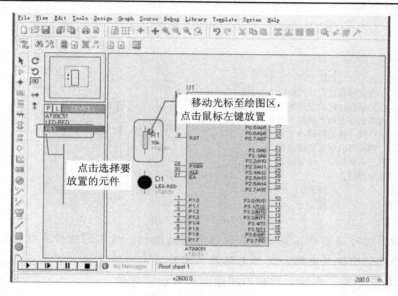

图 1.6.4　放置元器件

(4) 修改电阻阻值：将电阻阻值改为 300 Ω(默认为 10 kΩ)；在绘图区双击电阻，弹出电阻属性修改对话框，如图 1.6.5 所示。

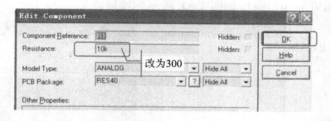

图 1.6.5　修改元器件属性

(5) 放置电源：点击工具栏中的 ▤(Terminals Mode)，在终端列表中选取电源并放置，如图 1.6.6 所示。

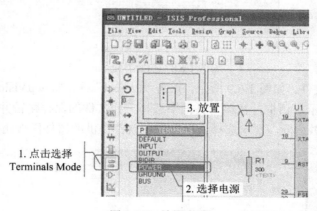

图 1.6.6　放置电源

(6) 连接导线：注意连接导线时不要出现断路现象，如图 1.6.7 所示。

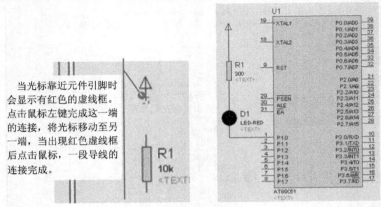

图 1.6.7　连接导线

注意： 仿真时可以省略振荡电路和复位电路的绘制，这不影响仿真电路的正常工作，但在实际硬件电路中振荡电路和复位电路是必需的。

(7) 保存仿真电路。至此，仿真电路绘制部分已经完成。

1.6.2　程序编写

编写程序的操作步骤如下：

(1) 运行 Keil μVision4，弹出如图 1.6.8 所示的窗口。

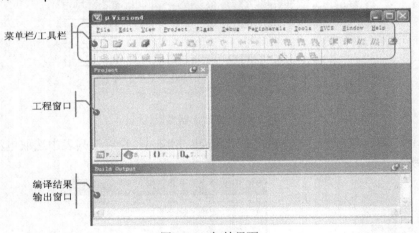

图 1.6.8　初始界面

(2) 新建工程文件。如图 1.6.9 所示，点击 "Project" → "New μVision Project" 菜单项，弹出如图 1.6.10 所示对话框，在该对话框中选择工程文件的保存路径并对文件命名，将弹出如图 1.6.11 所示对话框，要求选择目标器件，软件提供的器件库按生产厂商分类并按字

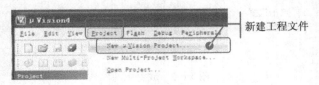

图 1.6.9　新建工程文件

母顺序排列；单击 "OK" 按钮，将弹出如图 1.6.12 所示对话框，询问是否需要启动代码，可根据需要选择 "是" 或 "否"。工程文件新建完毕后，包含有一个缺省的目标(Target)和文件组(Source Group)，如图 1.6.13 所示。

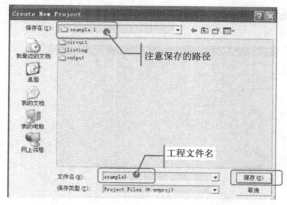

图 1.6.10　工程文件命名　　　　　　　　　　图 1.6.11　选择目标器件

图 1.6.12　询问是否需要启动代码

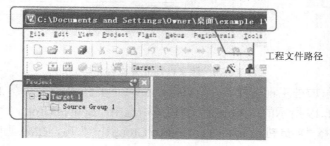

图 1.6.13　工程文件新建完毕

（3）建源文件并保存。如图 1.6.14 所示，点击 "File" → "New" 菜单项，新建源文件，系统将提供一临时文件，如图 1.6.15 所示。

图 1.6.14　新建源文件

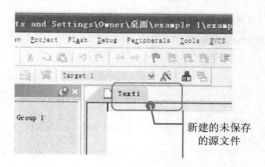

图 1.6.15　新建的未保存的临时文件 Text1

如图 1.6.16 所示，点击"File"→"Save"菜单项保存源文件，弹出如图 1.6.17 所示对话框，给源文件命名。注意，命名时要给出文件的后缀名，如果选择用汇编语言编写代码，则后缀名为".asm"；如果选择用 C 语言编写代码，则后缀名为".c"。图 1.6.18 所示为建立并保存的源文件 example.c。在源文件 example.c 中输入代码，μVision 可以用彩色高亮度显示 C 语言的语法。

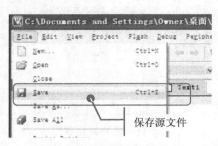

图 1.6.16　保存源文件

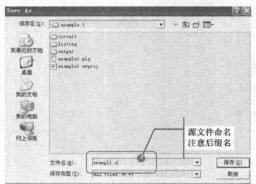

图 1.6.17　源文件命名

图 1.6.18　源文件建立并保存完毕

(4) 将源文件添加进工程文件中。μVision 提供了多种将源文件添加进工程文件的方法。例如，在图 1.6.19 所示的"Project"窗口单击选中"Source Group 1"，点击鼠标右键，在弹出的菜单中选择"Add Files to Group 'Source Group1'…"项，在出现的如图 1.6.20 所示对话框中选择需要添加的源文件，然后点击"Add"按钮确认，接着点击"Close"按钮退出。源文件添加成功后的界面如图 1.6.21 所示。

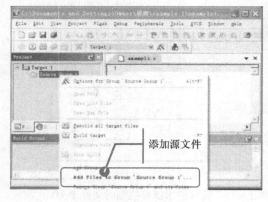

图 1.6.19　添加源文件

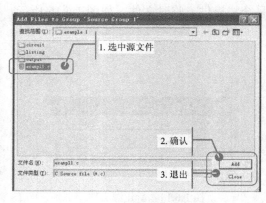

图 1.6.20　选择要添加的源文件

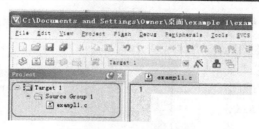

图 1.6.21 源文件添加成功

注意，一个工程文件可以添加有多个源文件，但是多个源文件中只能有一个源文件有主函数(main)；一个源文件也可以被添加进多个不同的工程文件中。

(5) 编写程序代码。图 1.6.22 所示为编写的程序代码。示例代码的含义将在第 2 篇实验 1 中解释，这里不做赘述，而只关心操作流程。注意，如果源代码有修改但并未保存，源文件名右侧会显示 "*"。

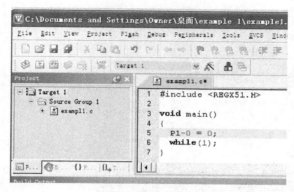

图 1.6.22 编写代码

(6) 编译。如果编译结果显示正常，则进入下一步；如果编译结果显示有错误，则根据错误指示修正源代码。代码修改后要重新编译。

如图 1.6.23 所示，点击 进行编译，编译结果如 "Build Output" 窗口所示，此处结果显示有错。双击提示的错误信息，会有如图 1.6.24 所示的绿色光标提示错误点；修改错误后重新编译，结果如图 1.6.25 所示。

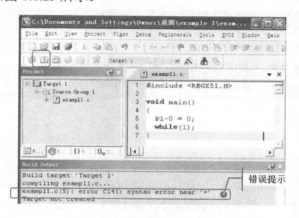

图 1.6.23 编译结果(提示有错)

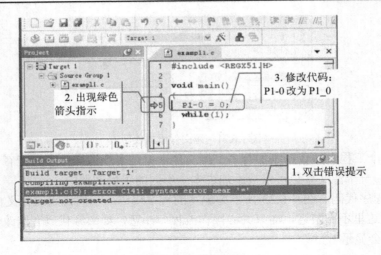

图 1.6.24　修改代码

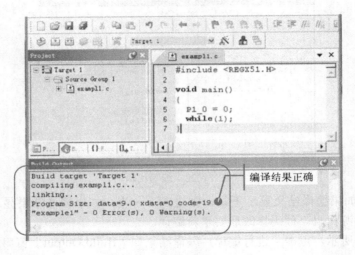

图 1.6.25　重新编译(结果正确)

编译方式：Keil 提供有几种编译方式，注意它们的区别。

⯌ Translate(translate the currently avtive file)：编译当前文件；

⯌ Buil(Build target files)：编译修改过的文件并生成应用；

⯌ Rebuild(Rebuild all target files)：编译所有文件并生成应用。

至此，程序编写完成。

1.6.3　调试

仿真电路画好了，程序也编写完毕，那么如何将程序装到 MCU 中运行呢？

调试的方法有两种：一种是将代码编译生成 HEX 文件后加载到 MCU 中运行；另一种是采用 Keil 软件和 Proteus 软件联调完成，在这种调试方式下，可以选择多种调试手段，包括全速运行、单步调试等。下面逐一说明。

1. Keil 软件生成 HEX 文件后加载到 MCU

(1) 生成 HEX 文件。如图 1.6.26 所示，点击图标，进入如图 1.6.27 所示的设置对话框，勾选生成 HEX 文件项，选择生成的 HEX 文件存放路径。设置完毕后，重新编译生成 HEX 文件(文件名同工程文件名，后缀名为.hex)，如图 1.6.28 所示。

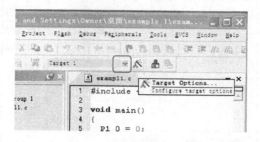

图 1.6.26　选择进入对象设置

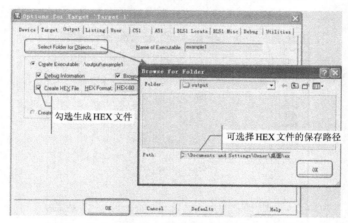

图 1.6.27　对象设置对话框

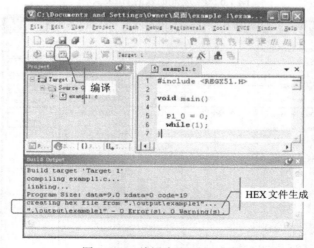

图 1.6.28　编译生成 HEX 文件

(2) 将生成的 HEX 文件加载到 MCU 中。双击电路图中的 AT89C51，弹出如图 1.6.29 所示的器件编辑对话框，选择加载的 HEX 文件(如图 1.6.30 所示)。加载成功后点击"OK"按钮退出，如图 1.6.31 所示。

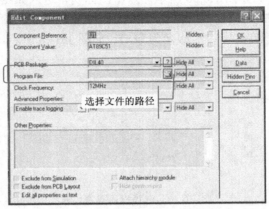

图 1.6.29　AT89C51 器件编辑对话框

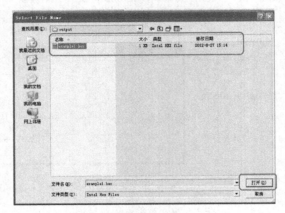

图 1.6.30　选择加载的 HEX 文件

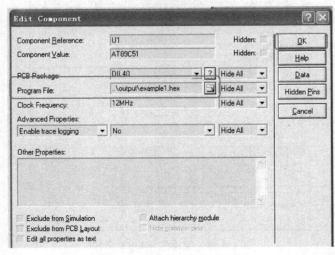

图 1.6.31　选定后确定退出

(3) 启动仿真，观察实验结果。点击▶启动仿真，仿真结果如图 1.6.32 所示，LED 灯被点亮。

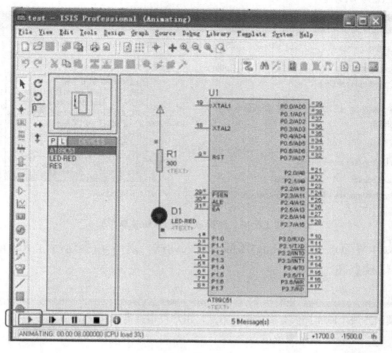

图 1.6.32　启动仿真后 LED 灯被点亮

2. 采用 Keil 软件和 Proteus 软件联调

(1) 打开仿真电路图，勾选 Debug 菜单下的"Use Remote Debug Monitor"项，如图 1.6.33 所示。

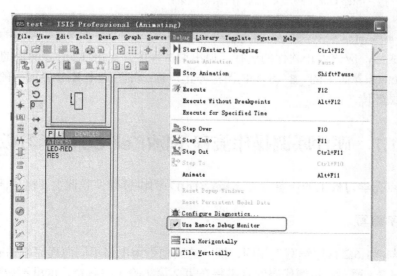

图 1.6.33　选择支持联调模式(Proteus 软件)

(2) 在 Keil 界面点击图标，进入对象设置对话框，选择"Debug"项，并选择与 Proteus 联调，如图 1.6.34 所示。

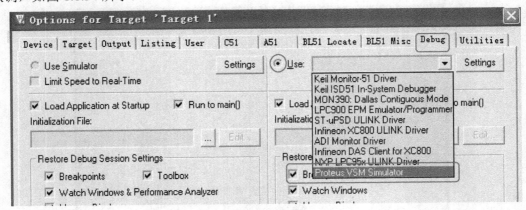

图 1.6.34　选择联调模式(Keil 软件)

(3) 在 Keil 界面点击 (Debug)图标，进入调试，点击 (全速运行 Run)图标，仿真电路中的 LED 灯被点亮。

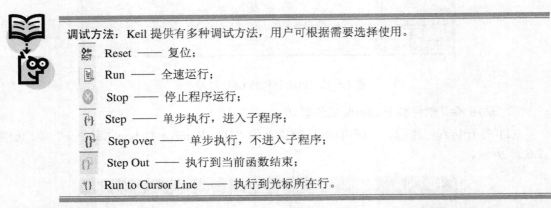

调试方法：Keil 提供有多种调试方法，用户可根据需要选择使用。

- Reset —— 复位；
- Run —— 全速运行；
- Stop —— 停止程序运行；
- Step —— 单步执行，进入子程序；
- Step over —— 单步执行，不进入子程序；
- Step Out —— 执行到当前函数结束；
- Run to Cursor Line —— 执行到光标所在行。

调试完成后，应该停止软件的运行，退出调试程序。点击 Keil 界面上的 (Stop)图标或者点击 Proteus 界面中的 ■(STOP)图标停止运行；然后点击 Keil 界面上的 (Debug)图标，退出调试环境。

1.7　硬件联调操作流程示例(Keil C51+学习板)

下面以点亮学习板上的一盏发光二极管(D0)为例讲解硬件联调主要操作流程。

1.7.1　程序编写

这一步与"1.6.2 程序编写"相同，惟一的区别是因电路不同而程序编写有所差别。示例程序如图 1.7.1 所示，示例代码的含义将在第 2 篇实验 1 中解释，这里不做赘述，而只关心操作流程。

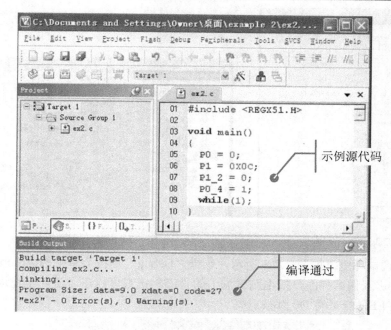

图 1.7.1　硬件联调示例源代码

1.7.2　硬件在线联调

硬件在线联调的具体操作步骤如下：

(1) 连接学习板和 PC 机。注意：学习板使用 PL2303 实现 USB 和串口的转换，PC 机需要安装 PL2303 驱动。

(2) 设置硬件联调模式。点击，弹出对象设置对话框，选择"Debug"项，按图 1.7.2 所示设置硬件联调模式。工程文件新建后调试模式默认为软件仿真方式，所以在软件仿真流程中我们省略了调试模式设置这一步。点击"Settings"按钮，出现如图 1.7.3 所示的对话框，设置通信端口；图 1.7.4 所示为通信端口的确定方法(示例所用操作系统为 XP)。设置完毕后确定、退出。

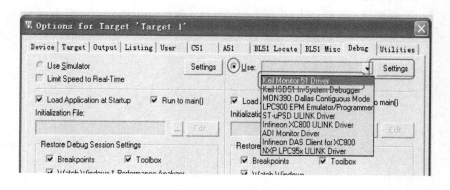

图 1.7.2　设置硬件联调模式

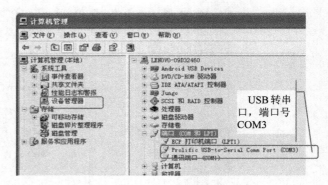

图 1.7.3　端口设置　　　　　　　　　　　图 1.7.4　端口确定方法

(3) 进入调试环境。如图 1.7.5 所示，选择"Debug"下拉菜单中的"Start/Stop Debug Session"项，进入调试界面，按电脑键盘上的"F5"键或者点击 📲 进入全速运行模式，学习板上的 4 盏 LED 灯只有 D0 灯被点亮。

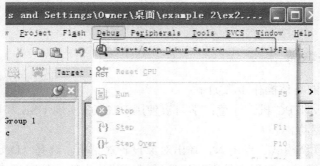

图 1.7.5　启动调试

(4) 硬件调试时只能采用硬件复位(即按学习板上的 RESET 键)方式停止运行，等运行完全停止(图标 📲 由灰变黑)后，点击 🔍 退出调试模式。注意，非法退出可能会引起工程文件被破坏等一系列问题。

Part 2

基础篇

——51 单片机基本功能模块实验

本篇介绍 51 单片机的主要基本功能模块，包括 C51 语言、51 单片机的外部中断、定时器中断、定时器/计数器、串口通信、51 单片机的系统扩展、数码管显示控制以及独立按键和键盘矩阵的控制等，针对主要知识点设计有相应的实验内容。

实验内容可采用软件仿真实现或硬件实现。文中示例采用软件仿真时，单片机型号选用 Proteus 元器件库中的 AT89C51；采用硬件实现时，单片机型号选用学习板选配的 SST89E516RD。

通过本篇内容的学习，读者将掌握 51 单片机主要基本功能模块的应用，这是后续完成完整系统设计的基础。

2.1　基本 C51 语言

2.1.1　实验目的

(1) 熟练掌握 51 单片机 C 语言程序的编写；

(2) 熟练掌握函数(包括带形参、不带形参函数)的编写；

(3) 熟练掌握数组、库函数等基本 C51 语言的使用；

(4) 熟练掌握时钟周期、机器周期和指令周期的概念；

(5) 熟练掌握 51 单片机 I/O 端口的驱动能力。

2.1.2　主要背景知识

1. Keil C51 支持的数据类型

Keil C51 支持的数据类型如图 2.1.1 所示，在标准 C 的基础上，扩展了 4 种数据类型，包括 bit(位变量)、sbit、sfr(特殊功能寄存器)和 sfr16。

bit：位变量，取值为“0”或“1”；

sbit：特殊功能位，是特殊功能寄存器的可寻址位；

sfr：特殊功能寄存器；

sfr16：16 位的特殊功能寄存器。

Data Types	Bits	Bytes	Value Range
bit	1		0 to 1
signed char	8	1	-128 — +127
unsigned char	8	1	0 — 255
enum	8 / 16	1 or 2	-128 — +127 or -32768 — +32767
signed short int	16	2	-32768 — +32767
unsigned short int	16	2	0 — 65535
signed int	16	2	-32768 — +32767
unsigned int	16	2	0 — 65535
signed long int	32	4	-2147483648 — +2147483647
unsigned long int	32	4	0 — 4294967295
float	32	4	±1.175494E-38 — ±3.402823E+38
double	32	4	±1.175494E-38 — ±3.402823E+38
sbit	1		0 or 1
sfr	8	1	0 — 255
sfr16	16	2	0 — 65535

图 2.1.1　Keil C51 数据类型(图片截自 Keil μVision 帮助文档)

2. 时钟周期(振荡周期)、机器周期、指令周期

(1) 时钟周期(振荡周期)：是单片机时钟控制信号的基本时间单位。若时钟晶体的振荡频率为 f_{osc}，则时钟周期

$$T_{osc} = \frac{1}{f_{osc}}$$

(2) 机器周期：指 CPU 完成一个基本操作所需要的时间。本实验指导书中涉及的几款单片机 AT89C51、SST89E516RD 均是每 12 个时钟周期为一个机器周期。

(3) 指令周期：指单片机执行一条指令所需要的时间，可能是一个机器周期、两个机器周期或者多个机器周期。指令周期的长短与指令所占字节数以及指令的复杂程度有关。

实验 1　控制一盏发光二极管

1. 任务及要求

任务： 点亮一盏发光二极管。

要求： 通过实践本实训内容，掌握 C51 程序的基本架构以及编写方法。

注意： 发光二极管种类繁多，本实验讨论的发光二极管的正向导通电压约为 2 V，工作电流为 5 mA～20 mA。

2. 分析及指导

1) 软件仿真实现

(1) 仿真电路设计。

参考电路如图 2.1.2 所示，采用单片机端口低电平(P1.0 = 0)直接驱动一盏 LED，在电源和驱动端口之间用一个电阻 R1 和 LED 串联，电阻 R1 起限流作用。

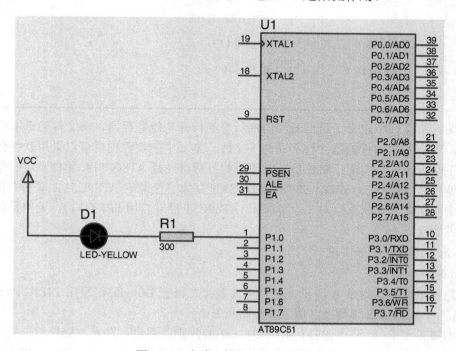

图 2.1.2　实验 1 软件仿真参考电路

注意：本仿真电路中省略了振荡电路和复位电路，但在实际硬件电路中是必需的。

当 P1.0 拉低即输出电压为 0 V 时，LED 和 R1 上的压降大约是 5 V，减去 LED 的正向导通电压 2 V，那么 R1 上的压降为 3 V。假设没有电阻 R1，那么 3 V 的压降将完全降落在一段导线上，从而导致产生较大电流，可能会立刻烧坏 LED、驱动端口甚至是整个单片机。

那么 R1 应该选取多大阻值呢？

已知：电源电压 V_{CC} = 5 V；LED 正向导通电压 V_d = 2 V；LED 工作电流 I_d = 5 mA～20 mA；AT89C51 单片机每位 I/O 口允许输出的最大灌电流 I_{OL} = 10 mA。综合两方面的因素，假设选定 I_d = 10 mA。根据欧姆定律：

$$R1 = \frac{V_{CC} - V_d}{I_d}$$

计算得

$$R1 = 300\ \Omega$$

(2) 参考程序流程图。

本实验软件仿真参考程序流程图如图 2.1.3 所示。

图 2.1.3　实验 1 软件仿真参考程序流程图

(3) 参考程序。

1.	#include <REGX51.H>	// 包含头文件
2.	void main()	// 主函数
3.	{	//P1_0 端口拉低
4.	P1_0 = 0;	// 点亮 LED
5.	while(1);	// 死循环
6.	}	

说明：头文件中定义了目标器件内部所有的特殊功能寄存器。头文件的选取取决于目标器件，对应不同的目标器件有不同的头文件。本书中的实验项目可以采用软件仿真实现或者基于学习板硬件实现：软件仿真时选用的目标器件是 AT89C51；硬件实现时学习板上的目标器件是 SST89E516RD，SST89E516RD 能基本完全兼容 AT89C51。本书中几乎所有示例都采用头文件 REGX51.H（除实训 2，AT89C51 没有专用 SPI 接口），无论是软件仿真还是硬件实现。

2) 基于学习板硬件实现

(1) 硬件电路分析。

学习板原理图如附录 A 所示，共有 4 盏发光二极管 D0～D3，采用 74LS244(3 态 8 位缓冲器)芯片驱动(引脚排列及真值表参见附录 E)。

按本实验要求：假设点亮 D0，熄灭 D1、D2、D3，则需要将与发光二极管相连的 74LS244 芯片使能，即将 P1.2 口设置为低电平，还需将 P0.4 口设置为高电平，P0.5、P0.6、P0.7 设置为低电平，具体如图 2.1.4 所示。

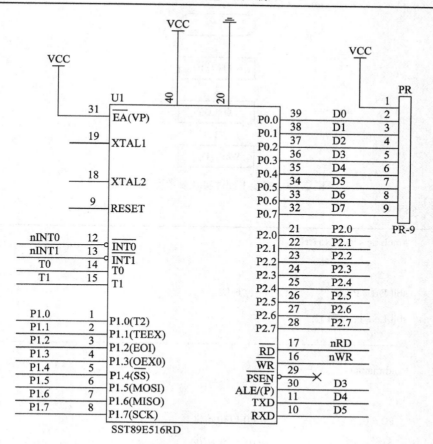

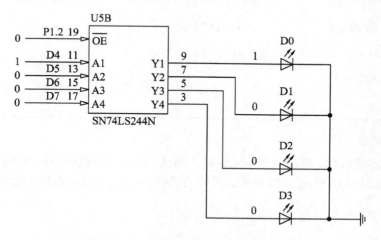

图 2.1.4　实验 1 学习板硬件电路分析图

注意：本电路图中未截取振荡电路和复位电路，但在实际硬件电路中是有的。

(2) 参考程序流程图。

本实验硬件实现参考程序流程图如图 2.1.5 所示。

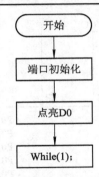

图 2.1.5　实验 1 硬件实现参考程序流程图

(3) 参考程序。

1.	#include <REGX51.H>
2.	
3.	sbit D0 = P0^0;　　　　　　// 位声明
4.	sbit Led_ce = P1^2;
5.	/*--*/
6.	void main()
7.	{
8.	P0 = 0;　　　　　　　　// P0 口初始化
9.	P1 = 0x0c;　　　　　　// P1 口初始化，控制端 P1.0=0，P1.1=0，P1.2=1，P1.3=1;
10.	Led_ce = 0;　　　　　// 74LS244 使能
11.	D0 = 1;　　　　　　　// 点亮 D0
12.	while(1);
13.	}

3. 拓展与提高

☞ 设计一实验项目，通过该实验能够对比测试，使用单片机的不同 I/O 端口、采用不同电平信号(高电平/低电平)完成对发光二极管的亮/灭控制的差别。观察实验现象并分析总结其原因。

实验 2　控制一盏发光二极管的闪烁

1. 任务及要求

任务：控制一盏发光二极管的闪烁。

要求：通过实践本实训内容，掌握延时语句、延时函数的编写；掌握延时时间的仿真测量方法；掌握带形参函数或者不带形参函数的编写。

2．分析及指导

什么是闪烁？闪烁其实就是灯的亮、灭状态转换。闪烁的快慢就是灯亮灭状态切换的频率。但是如果闪烁的太快，或者说切换频率太快，那么人眼就会无法分辨，最终看到的是灯处于常亮状态。这点大家可以在实验中通过调节延时时长来体会！

1）软件仿真实现

（1）仿真电路设计。

软件仿真参考电路如图 2.1.6 所示。

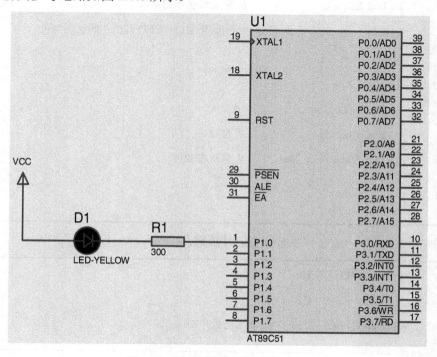

图 2.1.6　实验 2 软件仿真参考电路

（2）参考程序流程图。

软件仿真参考程序流程图如图 2.1.7 所示。

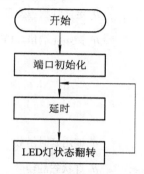

图 2.1.7　实验 2 软件仿真参考程序流程图

(3) 参考程序 1——采用循环语句实现延时。

```
1.          #include <REGX51.H>
2.          /*------------------------------------------------------------------------*/
3.          void main()
4.          {
5.              unsigned int i=0;
6.              bit Led_Stat = 0;              // 定义灯状态变量
7.              P1 = 0;                        // 初始化端口，LED 灯的初始状态为灭
8.              while(1)
9.              {
10.                 P1_0 = Led_Stat ;
11.                 for(i=10;i>0;i--);         // 延时
12.                 Led_Stat = ~Led_Stat;      // 灯状态翻转
13.             }
14.         }
```

(4) 参考程序 2——编写不带形参的延时函数。

```
1.          #include <REGX51.H>
2.
3.          void Delay_ms();                   //函数声明
4.          /*------------------------------------------------------------------------*/
5.          void main()
6.          {
7.              bit Led_Stat = 0;              // 定义灯状态变量
8.              P1 = 0;                        // 初始化端口，LED 灯的初始状态为灭
9.              while(1)
10.             {
11.                 P1_0 = Led_Stat;
12.                 Delay_ms();                // 调用延时函数
13.                 Led_Stat = ~Led_Stat;      // 灯状态翻转
```

14.	}	
15.	}	
16.	/*---*/	
17.	void Delay_ms()	// 不带形参的延时函数
18.	{	
19.	unsigned int i,j;	
20.	for(i=1000;i>0;i--)	
21.	for(j=123;j>0;j--);	
22.	}	

(5) 参考程序 3——编写带形参的延时函数。

1.	#include <REGX51.H>	
2.		
3.	void Delay_ms(unsigned int);	
4.	/*---*/	
5.	void main()	
6.	{	
7.	bit Led_Stat = 0;	// 定义灯状态变量
8.	P1 = 0;	// 初始化端口，LED 灯的初始状态为灭
9.	while(1)	
10.	{	
11.	P1_0 = Led_Stat ;	
12.	Delay_ms(1000);	// 调用延时函数
13.	Led_Stat = ~Led_Stat;	// 灯状态翻转
14.	}	
15.	}	
16.	/*---*/	
17.	void Delay_ms(unsigned int x)	// 带形参的延时函数
18.	{	
19.	unsigned int i,j;	
20.	for(i=x;i>0;i--)	

21.	for(j=123;j>0;j--);
22.	}

2) 基于学习板硬件实现

(1) 参考程序流程。

硬件实现参考程序流程图如图 2.1.8 所示。

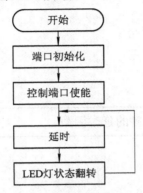

图 2.1.8　实验 2 硬件实现参考程序流程图

(2) 参考程序及现象观察——延时时间较短。

1.	#include <REGX51.H>
2.	
3.	sbit D0 = P0^4;
4.	sbit Led_ce = P1^2;
5.	void Delay_ms(unsigned int);
6.	/*---*/
7.	void main()
8.	{
9.	unsigned char Led_Stat = 0 ;
10.	P0 = 0;　　　　　　// P0 口初始化
11.	P1 = 0x0c;　　　　// P1 口初始化
12.	Led_ce = 0;　　　　// 74LS244 使能
13.	while(1)
14.	{
15.	D0 = Led_stat;
16.	Delay_ms(1);　　　　　// 延时

17.	Led_Stat = ~Led_Stat ;　　// 灯状态翻转
18.	}
19.	}
20.	/*---*/
21.	void Delay_ms(unsigned int x)
22.	{
23.	unsigned int i,j;
24.	for(i=x;i>0;i--)
25.	for(j=123;j>0;j--);
26.	}

现象及分析：运行程序，可以看到 D0 灯为常亮，而用示波器却可以观察到 P0_4 口输出有周期为 2 ms 左右的方波。分析原因：由于延时时间太短，亮、灭状态切换太快，闪烁太快，人眼无法分辨，最后看到的是灯常亮。增加延时时间即可观察到灯的闪烁了！

3) 延时时间的测量

那么我们写的延时语句或者延时函数到底延时了多久呢？

下面我们以实验 2 软件仿真中的参考程序 3 为例，讲解采用 Keil 软件测量延时时间的方法。

方法一：设置断点测量延时时间。

(1) 点击 ，如图 2.1.9 所示，将晶振设置为 12 MHz(假设系统时钟为 12 MHz)，如图 2.1.10 所示，将调试方法选择为软件仿真。

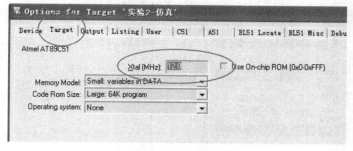

图 2.1.9　设置晶振

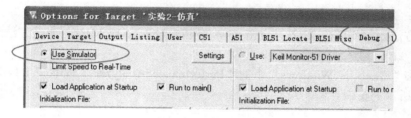

图 2.1.10　设置调试方法

(2) 点击 ，进入调试状态。

(3) 在延时函数开始和结束处设置断点，如图 2.1.11 所示。

图 2.1.11　设置断点

(4) 点击 📖 (全速运行)，程序执行到第一个断点处暂停，记录此时(延时函数运行前)的时间，如图 2.1.12 所示。

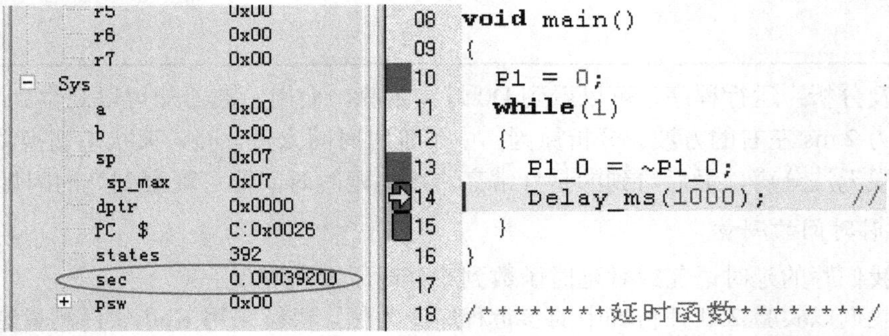

图 2.1.12　全速运行到第一个断点

(5) 再点击 📖 (全速运行)，程序执行到第二个断点处暂停，记录此时(延时函数运行后)的时间，如图 2.1.13 所示。计算两次时间差，即为延时函数运行时间，约为 1 秒。

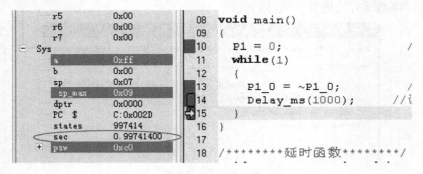

图 2.1.13　全速运行到第二个断点

方法二： 采用 Keil 的性能分析功能测量延时时间。

(1) 同方法一的步骤(1)和(2)，点击 ✂，将晶振设置为 12 MHz，调试方法选择为软件仿真。点击 🔍，进入调试状态。

(2) 点击 "Analysis Windows" 下的 "Performance Analyzer"，如图 2.1.14 所示，弹出如图 2.1.15 所示的窗口。

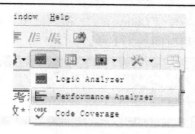

图 2.1.14 Analysis Windows 下拉菜单

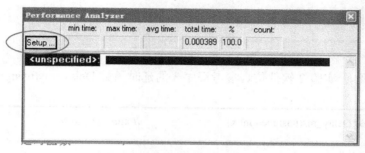

图 2.1.15 "Performance Analyzer"窗口

(3) 设置分析对象，点击"Setup"，弹出如图 2.1.16 所示的对话框，按图 2.1.16 和图 2.1.17 所示完成分析对象的设置。这里的分析对象是函数"Delay_ms"。

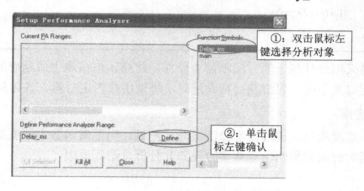

图 2.1.16 "Performance Analyzer"设置 1

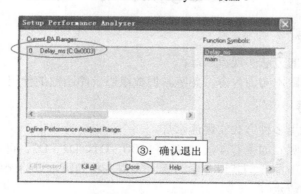

图 2.1.17 "Performance Analyzer"设置 2

(4) 点击 ▣ (全速运行)，点击 "Delay_ms"，得到如图 2.1.18 所示的 Keil 的分析结果：
执行函数 Delay_ms(1000)，所用时间约为 1 秒。

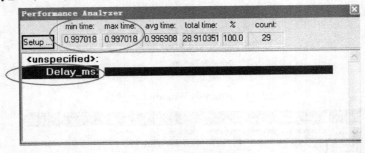

图 2.1.18　分析结果显示

通过测量可见，实验 2 软件仿真参考程序 3 的延时函数 Delay_ms(unsigned int x)的延时时间约为 xms。

1.	void Delay_ms(unsigned int x)	// xms 延时函数
2.	{	
3.	unsigned int i,j;	
4.	for(i=x;i>0;i--)	
5.	for(j=123;j>0;j--);	
6.	}	

注意：这种采用软件延迟的方法不需要硬件定时器，但很难生成精确的时延，并不适用于需要精确定时的系统。要想获得精确延时，可使用片内定时器，具体见 2.3 节。

3. 拓展与提高

☞　设计一实验项目，通过该实验能够对比测试，当延时函数中的变量选择采用不同数据类型时对延时时间的影响，观察实验现象并分析总结其原因。

实验 3　流　水　灯

1. 任务及要求

任务：用不同的方法实现流水灯；

要求：通过实践本实训内容，熟练掌握数组以及库函数的使用。

2. 分析及指导

本实验要求采用多种方式实现流水灯。

什么是流水灯呢？如果有 4 盏 LED 灯：D0、D1、D2、D3，可以设计如图 2.1.19 所示的左移的流水灯。下面我们就以在学习板上实现左移的流水灯为例做进一步说明，当然你也可以设计右移的流水灯。

学习板上的 4 盏 LED 灯由 74LS244 驱动，高电平点亮，电路图如附录 A 所示。

实现流水灯的方法很多，以下仅选取其中三种加以说明。

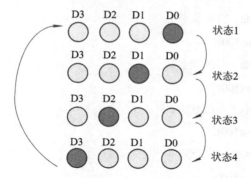

图 2.1.19 左移流水灯状态转移图

1) **方法 1——对 P0 口直接赋状态值**

(1) 参考程序流程图。

方法 1 的参考程序流程图如图 2.1.20 所示。

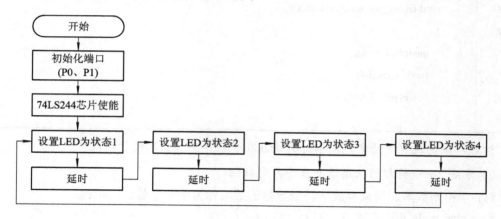

图 2.1.20 实验 3(方法 1)参考程序流程图

(2) 参考程序。

1.	#include <REGX51.H>
2.	sbit Led_ce = P1^2;
3.	void Delay_ms(unsigned int);　　 // 函数声明
4.	/*--*/
5.	void main()
6.	{
7.	P0 = 0;　　　　 // P0 口初始化
8.	P1 = 0x0c;　　　 // P1 口初始化
9.	Led_ce = 0;　　　 // 74LS244 使能
10.	while(1)

11.	{
12.	P0 = 0x10; // 状态 1
13.	Delay_ms(500);
14.	P0 = 0x20; // 状态 2
15.	Delay_ms(500);
16.	P0 = 0x40; // 状态 3
17.	Delay_ms(500);
18.	P0 = 0x80; // 状态 4
19.	Delay_ms(500);
20.	}
21.	}
22.	/*---*/
23.	void Delay_ms(unsigned int x)
24.	{
25.	unsigned int i,j;
26.	for(i=x;i>0;i--)
27.	for(j=123;j>0;j--);
28.	}

注意：采用这种方法实现流水灯的缺点在于程序冗长且不便于修改。

2) 方法 2——将灯的状态编写成字符型数组

(1) 字符型数组。用来存放字符型数据的数组称为字符型数组。示例：

   char code a[3]={'M', 'C', 'U' };

(2) 参考程序流程图。

方法 2 的参考程序流程图如图 2.1.21 所示。

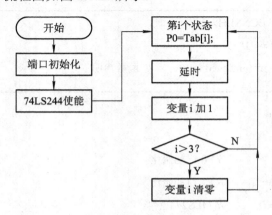

图 2.1.21　实验 3(方法 2)参考程序流程图

(3) 参考程序。

```
1.      #include <REGX51.H>
2.
3.      sbit Led_ce = P1^2;
4.      unsigned int Led_Status[4] = {0x10,0x20,0x40,0x80}; //数组中存放的是流水灯各状态的值
5.      void Delay_ms(unsigned int);     // 延时函数声明
6.      /*-------------------------------------------------------------------------------------*/
7.      void main()
8.      {
9.          unsigned char i=0;
10.         P0 = 0;              // P0 口初始化
11.         P1 = 0x0c;           // P1 口初始化
12.         Led_ce = 0;          // 74LS244 使能
13.         while(1)
14.         {
15.           P0 = Led_Status[i];        // 设置 P0 口状态
16.           Delay_ms(500);       // 延时 500ms
17.           i++;
18.           if(i >3)    i = 0 ;
19.         }
20.     }
21.     /*-------------------------------------------------------------------------------------*/
22.     void Delay_ms(unsigned int x)
23.     {
24.        省略……
25.     }
```

3) 方法 3——用库函数(循环左移)实现

(1) 循环左移。

循环左移示意图如图 2.1.22 所示。

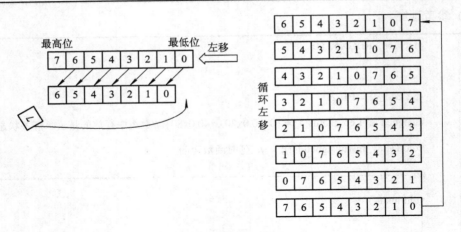

图 2.1.22　循环左移示意图

(2) 库函数_crol_(unsigned char, unsigned char)——循环左移函数。打开 Keil 软件安装文件夹 C:\Keil\C51\hlp，打开该文件夹下的 c51.chm 文件，这是 C51 自带的库函数帮助文件。在搜索栏键入_crol_，找到_crol_函数，双击打开介绍，内容如图 2.1.23 所示。

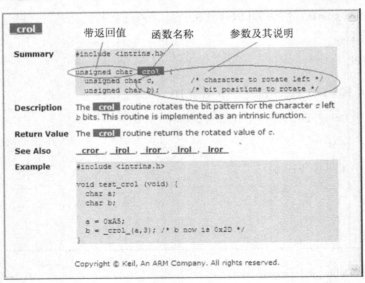

图 2.1.23　函数_crol_介绍

从图 2.1.23 所示的介绍中我们可以看到，该函数是一个带返回值的函数，且有两个参数，第一个参数 c 是要左移的数，第二个参数 b 指的是每次移动几位。

使用库函数_crol_(unsigned char, unsigned char)如何实现循环左移呢？例如：a = _crol_(a,1)；表示将 a 左移 1 位后再赋值给 a；假设 a=0x01，转换为二进制为 0000 0001b，那么执行一次该语句后，a = 0x02，即 0000 0010b，再执行一次，则 a = 0x04，即 0000 0100b，继续执行，每执行一次，"1"就左移一位。

另，_crol_函数被包含在头文件 intrins.h 中，所以使用函数_crol_之前一定要记得先添加该头文件。头文件 intrins.h 中还包含有循环右移_cror_等其它一些函数。有兴趣的话可以打开头文件看看并试着用用这些函数。

(3) 参考程序流程图。

方法 3 的参考程序流程图如图 2.1.24 所示。

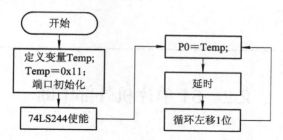

图 2.1.24 实验 3(方法 3)参考程序流程图

(4) 参考程序。

1.	#include <REGX51.H>
2.	#include <intrins.h>
3.	
4.	sbit Led_ce = P1^2;
5.	void Delay_ms(unsigned int); //函数声明
6.	/*--*/
7.	void main()
8.	{
9.	unsigned char Temp=0x11; // 思考：为什么 Temp 的初值是 0x11，而非 0x01
10.	P0 = 0; //P0 口初始化
11.	P1 = 0x0c; //P1 口初始化
12.	Led_ce = 0; //74LS244 使能
13.	while(1)
14.	{
15.	P0 = Temp;
16.	Delay_ms(500);
17.	Temp = _crol_(Temp,1);
18.	}
19.	}
20.	/*--*/

21.	void Delay_ms(unsigned int x)
22.	{
23.	省略……
24.	}

2.2 51 单片机外部中断

2.2.1 实验目的

(1) 熟练掌握 51 单片机外部中断的原理及应用；
(2) 熟练掌握 51 单片机两级中断嵌套的应用；
(3) 掌握 51 单片机外部中断的扩展。

2.2.2 主要背景知识

1. 中断系统结构

AT89C51 单片机中断系统结构如图 2.2.1 所示，这张结构图简单明了地解释了中断源、中断标志、中断允许、中断优先级等重要模块以及中断申请和响应过程。

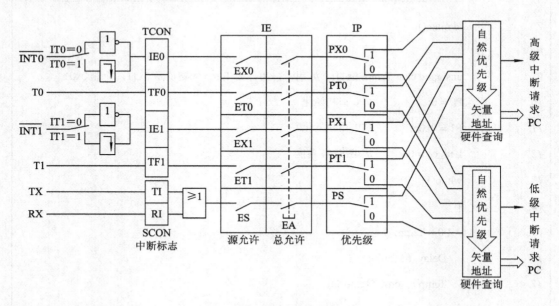

图 2.2.1 AT89C51 中断系统结构

2. 中断源

中断源如表 2.2.1 所示。

表 2.2.1 中 断 源

中断源	同级中断查询顺序	中断入口地址	中断号
$\overline{INT0}$：外部中断 0	先	0003H	0
T0：定时器/计数器 0 中断		000BH	1
$\overline{INT1}$：外部中断 1	↓	0013H	2
T1：定时器/计数器 1 中断		001BH	3
TX 或 RX：串行口中断	后	0023H	4

3. 中断相关寄存器

中断相关寄存器如表 2.2.2 和表 2.2.3 所示。

表 2.2.2 IE(中断允许寄存器)

D7	D6	D5	D4	D3	D2	D1	D0
EA	—	—	ES	ET1	EX1	ET0	EX0
全局中断允许位	—	—	串口中断允许位	T1 中断允许位	外部中断 1 允许位	T0 中断允许位	外部中断 0 允许位

表 2.2.3 IP(中断优先级寄存器)

D7	D6	D5	D4	D3	D2	D1	D0
—	—	—	PS	PT1	PX1	PT0	PX0
—	—	—	串口中断优先级控制	T1 中断优先级控制	外部中断 1 优先级控制	T0 中断优先级控制	外部中断 0 优先级控制

4. 中断服务程序

C51 中断函数的格式如下，其中中断号对应中断源，参见表 2.2.1。工作组指寄存器工作组，AT89C51 单片机在内部 RAM 中可使用 4 个寄存器组(0～3)。如果没有明确指定工作组，则表示默认系统自动分配，如范例所示。

```
void 函数名( ) interrupt 中断号  using 工作组
{
    中断服务程序内容

}
```

例：
```
void T1_timer( ) interrupt 3          // 定时器 1 中断函数
```

```
{
        TH1 = 0;                        // 初值重装

        TL1 = 0;

}
```

实验 4　单一外部中断实验

1. 任务及要求

任务：电路如图 2.2.2 所示，通常情况，8 盏 LED 灯呈流水灯状态(花型 1)，按下按键 K1 后，每 4 盏 LED 灯为 1 组，两组交替亮、灭 3 次(花型 2)，结束后返回流水灯花型。

要求：通过实践本实训内容，熟练掌握外部中断资源的应用。

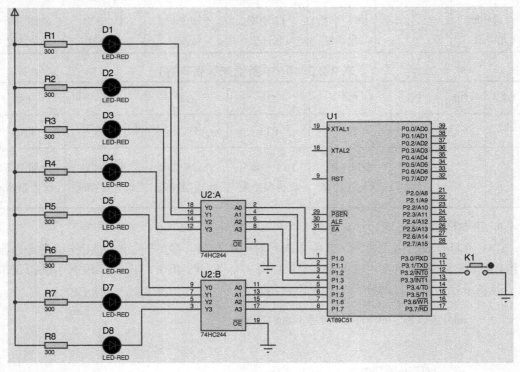

图 2.2.2　实验 4 电路

2. 分析及指导

本实验可以考虑采用轮询 P3.2 口状态的方法判断按键 K1 是否被按下。但是这种方法的缺点在于，CPU 的执行效率低(CPU 需要不时地询问端口状态)，且不能及时响应 K1。

针对以上问题，且由于按键 K1 连接在外部中断引脚上，可以考虑采用外部中断的方法解决。

1) 参考程序流程图

实验 4 的参考程序流程图如图 2.2.3 所示。

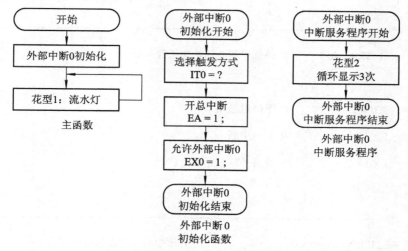

图 2.2.3　实验 4 的参考程序流程图

2) 参考程序

实验 4 的参考程序如下：

1.	#include <REGX51.H>
2.	#include <intrins.h>
3.	
4.	void ISR0_init();　　　　　　// 外部中断 0 初始化函数
5.	void Delayms(unsigned int x);　// 延时函数
6.	/*---*/
7.	void main()
8.	{
9.	unsigned char Temp = 0xfe;
10.	ISR0_init();
11.	while(1)
12.	{
13.	P1　=　Temp;
14.	Delayms(300);
15.	Temp　=　_crol_(Temp,1);　// 流水灯，花型 1

```
16.        }
17.      }
18.      /*----------------------------------------------------------------------------*/
19.      void ISR0_init()        // 外部中断 0 初始化函数
20.      {
21.        IT0 = 1;              // 下降沿触发
22.        EA  = 1;              // 开总中断
23.        EX0 = 1;              // 允许外部中断 0
24.      }
25.      /*----------------------------------------------------------------------------*/
26.      void ISR0()interrupt 0              // 外部中断 0 中断服务程序
27.      {
28.        unsigned char Temp = 0xf0;
29.        unsigned char num = 0;
30.        for(num=6; num>0; num--)          // 花型 2 循环显示 3 次
31.        {
32.          P1 = Temp;
33.          Delayms(300);
34.          Temp = ~Temp;
35.        }
36.      }
37.      /*----------------------------------------------------------------------------*/
38.      void Delayms(unsigned int x)
39.      {
40.        unsigned int j;
41.        for(x; x>0; x--)
42.          for(j=123; j>0; j--);
43.      }
```

实验 5 多个外部中断实验

1. 任务及要求

任务：电路如图 2.2.4 所示，用按键 K1 和 K2 控制三种花型的切换。通常情况下，8 盏 LED 灯显示花型 1，按下按键 K1 显示花型 2，按下按键 K2 显示花型 3。要求 K1 键和 K2 键的优先级相同，互相不能被打断。

花型 1：流水灯；

花型 2：D1~D4 为一组，D5~D8 为一组，两组灯交替亮、灭循环 3 次。

花型 3：D1、D3、D5、D7 为一组，D2、D4、D6、D8 为一组，两组灯交替亮、灭循环 3 次。

要求：通过实践本实训内容，熟练掌握多个外部中断资源的应用。

注意观察以下几种情况下的实验现象并分析原因：

(1) 先按下 K1 键，等花型 2 执行完后，按下 K2 键；

(2) 先按下 K2 键，等花型 3 执行完后，按下 K1 键；

(3) 先按下 K1 键，未等花型 2 执行完，按下 K2 键；

(4) 先按下 K2 键，未等花型 3 执行完，按下 K1 键；

(5) 同时按下两个按键(为了实现同时按下的效果，按键部分的电路需稍作修改，可将两个按键合并为一个按键)。

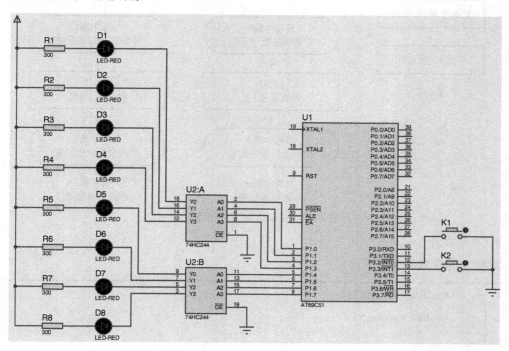

图 2.2.4 实验 5 电路图

2. 分析及指导

本实验仅在实验 4 的基础上增加了一个外部中断源。

1) 参考程序流程图

实验 5 的参考程序流程图如图 2.2.5 所示。

图 2.2.5　实验 5 参考程序流程图

2) 参考程序

实验 5 的参考程序如下：

1.	#include <REGX51.H>
2.	#include <intrins.h>
3.	
4.	void ISR0_init();　　　　　　// 外部中断 0 初始化函数

```
5.        void ISR1_init();              // 外部中断 1 初始化函数
6.        void Delayms(unsigned int x);   // 延时函数
7.        /*-------------------------------------------------------------------*/
8.        void main()
9.        {
10.          unsigned char Temp = 0xfe;
11.          ISR0_init();
12.          ISR1_init();
13.          while(1)
14.          {
15.            P1  =  Temp;
16.            Delayms(300);
17.            Temp  =  _crol_(Temp,1);    // 流水灯
18.          }
19.        }
20.        /*-------------------------------------------------------------------*/
21.        void ISR0_init()                // 外部中断 0 初始化函数
22.        {
23.          // 此处省略……可参考实验 4
24.        }
25.        /*-------------------------------------------------------------------*/
26.        void ISR1_init()                // 外部中断 1 初始化函数
27.        {
28.          IT1 = 1;                      // 下降沿触发
29.          EX1 = 1;                      // 允许外部中断 0
30.        }
31.        /*-------------------------------------------------------------------*/
32.        void ISR0()interrupt 0          // 外部中断 0 中断服务程序
33.        {
34.          // 此处省略……可参考实验 4
35.        }
36.        /*-------------------------------------------------------------------*/
37.        void ISR1()interrupt 2          // 外部中断 1 中断服务程序
38.        {
```

```
39.        unsigned char Temp = 0xaa;
40.        unsigned char num = 0;
41.        for(num=6;num>0;num--)              // 花型 3 循环显示 3 次
42.        {
43.          P1 = Temp;
44.          Delayms(300);
45.          Temp = ~Temp;
46.        }
47.    }
48.    /*-------------------------------------------------------------------------------*/
49.    void Delayms(unsigned int x)
50.    {
51.        // 此处省略……
52.    }
```

实验 6　　中断嵌套实验

1. 任务及要求

任务：电路如图 2.2.4 所示，用按键 K1 和 K2 控制三种花型的切换。通常情况下，8 盏 LED 灯显示花型 1，按下按键 K1 显示花型 2，按下按键 K2 显示花型 3。要求 K2 键的优先级高于 K1 键，即一旦有 K2 键按下，必须立即响应。

花型 1：流水灯；

花型 2：D1～D4 为一组，D5～D8 为一组，两组灯交替亮、灭循环 3 次。

花型 3：D1、D3、D5、D7 为一组，D2、D4、D6、D8 为一组，两组灯交替亮、灭循环 3 次。

要求：通过实践本实训内容，熟练掌握中断嵌套的应用。

对比实验 5，观察以下几种情况下的实验现象并分析原因：

(1) 先按下 K1 键，等花型 2 执行完后，按下 K2 键；

(2) 先按下 K2 键，等花型 3 执行完后，按下 K1 键；

(3) 先按下 K1 键，未等花型 2 执行完，按下 K2 键；

(4) 先按下 K2 键，未等花型 3 执行完，按下 K1 键；

(5) 同时按下两个按键(为了实现同时按下的效果，按键部分的电路需稍作修改，可将两个按键合并为一个按键)。

2. 分析及指导

对比实验 5，本实验要求 K2 键的优先级高于 K1 键，K2 键连接在单片机的外部中断 1 引脚上，K1 键连接在单片机的外部中断 0 引脚上，所以可以考虑运用中断嵌套，将外部中断 1 的优先级设置为高级中断，将外部中断 0 设置为低级中断，按照中断嵌套原则，高优先级中断可以打断低优先级中断。中断源的优先级设置在特殊功能寄存器 IP 中，参看本节背景知识。

3. 拓展与提高

☞ 单片机的外部中断资源有限，如何扩展外部中断资源？试设计一实验项目，实现外部中断的扩展。

2.3 定时器/计数器及定时器中断

2.3.1 实验目的

(1) 熟练掌握定时器中断的原理及应用；
(2) 对比使用轮询法和定时器中断实现定时功能的优劣；
(3) 熟练掌握用不同定时器、不同工作方式实现定时/计数的方法；
(4) 熟练掌握长时间定时的方法；
(5) 掌握 51 单片机的定时、计数功能；
(6) 掌握使用 GATE 位测量脉宽的方法。

2.3.2 主要背景知识

1. 定时功能和计数功能

首先，大家一定要清楚什么是定时功能，什么是计数功能，二者有什么区别。

若是对单片机内部的机器周期进行计数从而得到定时时间，就是定时功能。若是对单片机 T0、T1 引脚输入信号进行计数，则是计数功能。虽然定时功能和计数功能其本质都是计数，但是计数的对象不一样，定时功能是对机器周期进行计数，而计数功能是对外接信号进行计数。

下面以 T1 工作方式 0 为例进行讲解，如图 2.3.1 所示。

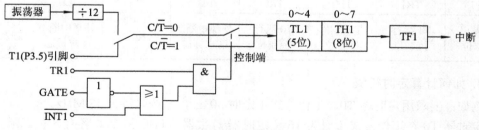

图 2.3.1 T1 工作方式 0 控制逻辑图

图中，有一个单刀双置开关 C/$\overline{\text{T}}$，用于决定 T1 的工作方式：定时或者计数。当 C/$\overline{\text{T}}$=0 时，开关接通定时功能(对机器周期计数)；当 C/$\overline{\text{T}}$=1 时，开关接通计数功能(对由 P3.5 引脚上送进来的外部脉冲信号计数)。

计的数放在 TH1 和 TL1 中，不同的工作方式下，TH1 和 TL1 的位数不一样(如表 2.3.1 所示)，所以能够记录数值的范围也不一样。这就好比不同的工作方式下提供有不同大小的水桶，能够装的水当然也不一样多。计满后自动将溢出标志位 TF1 置位，同时向系统申请中断。

另外，图中还有一个开关"控制端"，用于控制定时/计数功能的启动或停止。这个开关由 TR1、GATE、$\overline{\text{INT1}}$ 经一串组合逻辑电路(包括非门、或门、与门)控制。分析逻辑电路，我们不难得出下面的结论：

当 GATE = 0 时，T1 的启动与停止仅受 TR1 控制；

当 GATE = 1 时，T1 的启动与停止由 TR1 和外部中断引脚 $\overline{\text{INT1}}$ 上的电平状态共同控制。

2. 定时器/计数器相关寄存器

定时器/计数器相关寄存器如表 2.3.1 和表 2.3.2 所示。

表 2.3.1　TMOD(定时器/计数器工作方式寄存器)

D7	D6	D5	D4	D3	D2	D1	D0
GATE	$C/\overline{T}$	M1	M0	GATE	$C/\overline{T}$	M1	M0
定时器 1				定时器 0			
GATE	门控制位：GATE=0，定时器/计数器启动与停止仅受 TCON 中的 TRX 控制；GATE=1，定时器/计数器启动与停止由 TRX 和外部中断引脚上的电平状态共同控制						
$C/\overline{T}$	定时器和计数器模式选择位：$C/\overline{T}$ =1，计数器模式；$C/\overline{T}$ =0，定时器模式						
M1M0	工作方式						
00	方式 0，为 13 位定时器/计数器						
01	方式 1，为 16 位定时器/计数器						
10	方式 2，8 位初值自动重装的 8 位定时器/计数器						
11	方式 3，仅适用于 T0，分为两个 8 位计数器，T1 停止计数						

表 2.3.2　TCON(定时器/计数器控制寄存器)

D7	D6	D5	D4	D3	D2	D1	D0
TF1	TR1	TF0	TR0	IE1	IT1	IE0	IT0
T1 溢出标志位	T1 运行控制位	T0 溢出标志位	T0 运行控制位	外部中断 1 请求标志	外部中断 1 触发方式选择位	外部中断 0 请求标志	外部中断 0 触发方式选择位

3. 如何计算定时初值

例如：要求用定时器 T0、工作方式 1 定时 50 ms，系统时钟为 12 MHz。

定时器 T0 在工作方式 1 时为 16 位定时器/计数器，TH0 和 TL0 各有 8 位。最大计数次数为 $2^{16}-1$(从 0000 0000 0000 0000b 计到 1111 1111 1111 1111b)，如果要溢出，则计数次数为 $(2^{16}-1)+1 = 2^{16}$。又系统时钟频率 $f_{sys}=12$ MHz，系统周期 $T_{sys}=1/12$ μs，机器周期 $T = 12T_{SYS} = 1$ μs，定时功能时计数器每一个机器周期计 1 次数，所以，最大溢出时间 = 2^{16} 次 × 1 μs/次 = 2^{16} μs = 655356 μs。

如果要定时 50 ms，即 50 ms 要溢出一次，50 ms = 50000 μs < 65536 μs，所以我们可以先设定一定的初值。50 ms = 50000 μs = 50000 次 × 1 μs/次；初值 = 65536–50000 次。将这个初值分别装在 TH0 和 TL0 中：

$$65536–50000 = 15536 = 0011\ 1100\ 1011\ 0000b$$

初值分布如图 2.3.2 所示，即

TH0 = (65536–50000)/256   TL0 = (65536-50000)%256

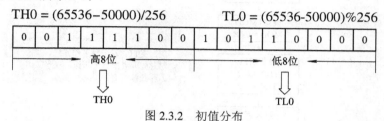

图 2.3.2　初值分布

如果还是用定时器 T0、工作方式 1 定时 50 ms，但是系统时钟改为 6 MHz，则初值如何计算呢？

比较上一例题，系统时钟变了，机器周期也就随之变了。机器周期 $T = 12T_{sys} = 2$ μs，50 ms = 50000 μs = 25000 次 × 2 μs/次，所以，初值 = 65536–25000 次，即

TH0 = (65536–25000)/256   TL0 = (65536–25000)%256

如果定时时间为 500 ms，又该怎么办呢？虽然 500 ms = 500000 μs > 65536 μs，但是我们可以把 500 ms 看成是 10 个 50 ms，设一个变量记录 50 ms 溢出的次数，当溢出次数等于10 次时，500 ms 定时时间到。这就是长时间定时的解决思路。

实验 7　轮询法定时和定时器中断对比实验

1. 任务及要求

任务：分别用轮询法和定时器中断的方法，用定时器 T0、工作方式 1 实现 LED 灯以30 ms 为节拍的闪烁，并对比两种实现方法。

要求：通过实践本实验内容，了解轮询法，熟练掌握用定时器中断编写定时程序的方法，并能举一反三，熟练掌握用不同定时器、不同工作方式实现定时的方法。

2. 分析及指导

1) 轮询法实现

轮询法：通过不断询问溢出标志位 TFX 状态判断定时时间是否到，当 TFX = 1 时，表示定时时间到。需要注意的是，在使用轮询法时，TFX 只能软件清零。轮询法实现的参考程序流程图如图 2.3.3 所示。

2) 定时器中断实现

定时器中断时，需要设置相应的中断允许位，注意此时溢出标志位 TFX 为自动清零。

(1) 参考程序流程图。

定时器中断实现的参考程序流程图如图 2.3.4 所示。

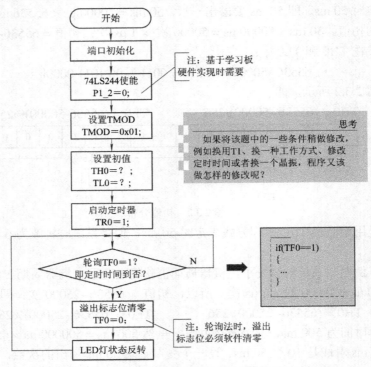

注意：本参考程序流程图是基于学习板硬件电路设计的。

图 2.3.3　实验 7 轮询法实现参考程序流程图

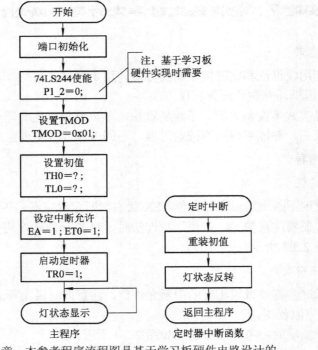

注意：本参考程序流程图是基于学习板硬件电路设计的。

图 2.3.4　实验 7 定时器中断实现参考程序流程图

(2) 定时器中断实现参考程序。

```c
1.          #include <REGX51.H>

2.          sbit Led_ce = P1^2;

3.          bit Led_Stat = 0;        // 灯状态位变量，全局变量

4.          /*----------------------------------------------------------------------------------------------------*/

5.          void main()

6.          {

7.            P0      = 0;

8.            P1      = 0x0c;

9.            Led_ce = 0;

10.

11.           TMOD &= 0xf0;                    // 清除所有有关 T0 的位(T1 不变)

12.           TMOD |= 0x01;                    // 设置相关的 T0 的位(其它位保持不变)

13.           TH0    = (65536-30000)/256;      // 装初值

14.           TL0    = (65536-30000)%256;      // 装初值

15.           EA     = 1;                      // 开总中断允许

16.           ET0    = 1;                      // 开 T0 中断允许

17.           TR0    = 1;                      // 启动定时器 T0

18.           while(1)

19.           {

20.             P0_4 = Led_Stat;               // 灯状态显示

21.           }

22.         }

23.         /*----------------------------------------------------------------------------------------------------*/

24.         void T0_timer()interrupt 1          // 中断函数
```

25.	{	
26.	TH0　　= (65536-30000)/256;	// 重装初值
27.	TL0　　= (65536-30000)%256;	// 重装初值
28.	Led_Stat = ~Led_Stat;	// 灯状态翻转
29.	}	

注意：本参考程序是基于学习板电路编写的。

3. 几种延时方法的对比

控制灯的闪烁这个实验我们已经采用了多种方法实现，包括采用软件延时、定时器+轮询和定时器中断，从肉眼看好像区别不大，但实质却有很大差别。延时方法的对比如表2.3.3 所示。

表 2.3.3　延时方法对比

延时方法		优 点	缺 点	适用场合	示 例
软件延时		不占用硬件资源（定时器）	延时精确度不高	适合于产生较短的延时（以微秒为单位）；无可用硬件资源	实验2
硬件延时	定时器+轮询		占用硬件资源；CPU 执行效率低		实验7
	定时器+中断	延时精确度较高；CPU 执行效率高	占用硬件资源	适合于产生大约 0.1 ms 或更长的延时；延时精确度要求较高	实验7

实验 8　长时间定时实验

1. 任务及要求

任务：采用定时器中断的方法，用定时器 T0、工作方式 1 实现 LED 灯以 300 ms 为节拍的闪烁。

要求：通过实践本实验内容，掌握长时间定时的方法。

2. 分析及指导

如背景知识中所说，要完成 300 ms 的定时，可将它看成是 10 个 30 ms，即在实验 7 的基础上增加一个用于记 30 ms 中断次数的变量即可。

参考程序流程图如图 2.3.5 所示，主程序流程图与实验 7 的主程序流程图相同，不同之处是在中断服务程序部分添加了用于记录 30 ms 中断次数的变量 num，当 num 等于 10 时表示 300 ms 时间到。

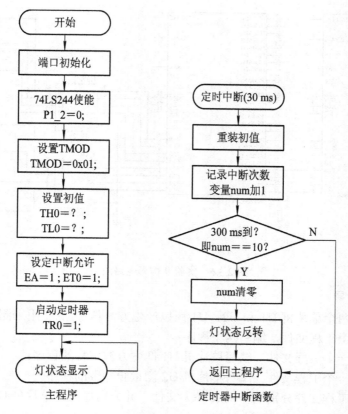

注意：本参考程序流程图是基于学习板硬件电路设计的。

图 2.3.5　实验 8 参考程序流程图

实验 9　计数器实验

1. 任务及要求

任务： 对外接脉冲信号进行计数测量，仿真电路如图 2.3.6 所示，在按下按键 K1 后，单片机 U1(P1.4 引脚送出)输出 50 个矩形脉冲(脉冲周期 = 20 ms)，单片机 U2(T0 脚接收)对脉冲个数进行统计，结果由 8 位 LED 显示验证。8 位 LED 由 74HC244 芯片驱动；U1 和 U2 的晶振均为 12 MHz。

要求： 通过实践本实验内容，熟练掌握编程实现计数功能的方法。

试一试： 大家也可以用硬件实现，用两块学习板，一块 MCU 产生脉冲，另一块 MCU 记录并显示脉冲个数，两块学习板之间通过跳线连接。

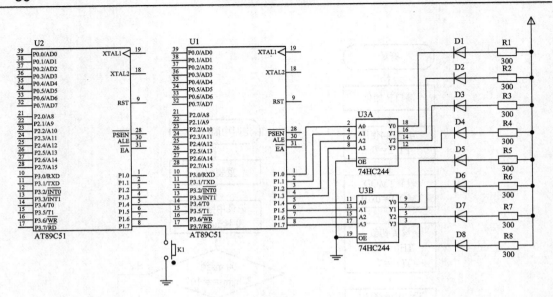

图 2.3.6　实验 9 仿真电路图

2. 分析及指导

本实验用到两个单片机 U1 和 U2：U1 用以产生方波信号；U2 用来测量脉冲数。所以我们需要建立两个工程文件，编写两个程序：

首先，建立一个工程文件，编写单片机 U1 产生方波信号的程序；

然后，另建一个工程文件，编写单片机 U2 测量脉冲数的程序。

将以上两个工程文件分别编译生成 Hex 文件，并分别加载到单片机 U1 和 U2。

1) 单片机 U1 程序的编写

单片机 U1 部分主要是利用定时器编程产生周期为 20 ms 的方波信号。注意，方波信号周期为 20 ms，占空比为 50%，所以脉宽和脉冲间隙都是 10 ms，也就是说，每 10 ms 电平状态翻转一次。这个程序的编写方法可参考实验 7，这里不再赘述，注意选择晶振频率。方波信号的周期、脉宽和脉冲间隙的定义如图 2.3.7 所示。

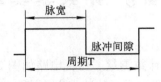

图 2.3.7　方波信号的周期、脉宽和脉冲间隙

按键 K1 的识别程序编写方法可参见实验 18。

U1 部分的程序是否写对，可以使用虚拟仪器示波器检测。点击屏幕左侧工具栏图标，出现如图 2.3.8(a)所示的虚拟仪表列表，从中选取示波器，将光标移至编辑框放置，图标如图 2.3.8(b)所示，该示波器为 4 通道示波器。控制面板和显示窗口如图 2.3.9 所示。虚拟示波器的使用方法和实际示波器类似。

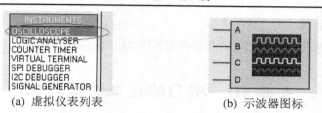

(a) 虚拟仪表列表　　　　　　　　(b) 示波器图标

图 2.3.8　Proteus 中虚拟示波器的选取

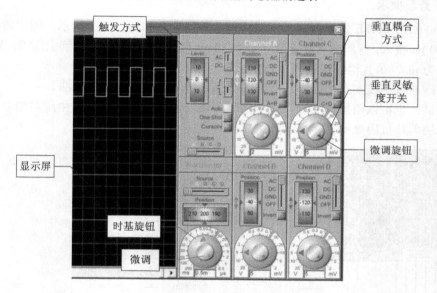

图 2.3.9　Proteus 中虚拟示波器面板图

2) 单片机 U2 程序的编写

单片机 U2 的参考程序流程图如图 2.3.10 所示。

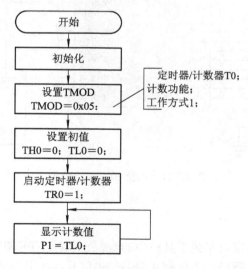

图 2.3.10　实验 9 单片机 U2 参考程序流程图

3. 拓展与提高

☞ 如果将本实验改为用 T1 测量外部脉冲个数，则应该如何修改仿真电路和程序？

实验 10   用 GATE 位测量脉宽

1. 任务及要求

任务：采用 GATE 位进行信号脉宽测量，仿真电路如图 2.3.11 所示。图中待测信号由 P3.2($\overline{\text{INT0}}$)口接入，待测信号脉宽取 5 ms～50 ms，脉宽值显示在数码管上(共阳极数码管)，显示单位为 ms，单片机晶振选择 12 MHz。

要求：通过实践本实训内容，掌握用 GATE 位测量信号脉宽的方法。

试一试：也可以用硬件实现，待测信号可由一块单片机产生或者由函数信号发生器送出，另一块单片机用来测试、显示脉宽。

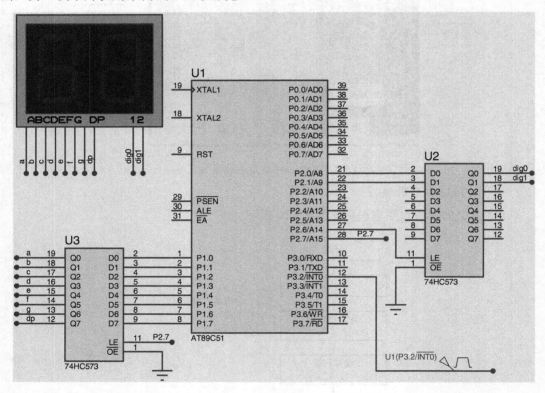

图 2.3.11   实验 10 仿真电路图

2. 分析及指导

1) 绘制仿真电路

选取待测信号：点击窗口左侧工具栏中的 ⑤ 图标(GENERATORS 激励源模式)，出现信号源列表，如图 2.3.12 所示。选择 PULSE(脉冲)信号，在引脚 P3.2 上画引脚延长线，将光标移至引脚的延长线上，出现"×"时点击鼠标左键，即可完成信号放置。

　　修改信号属性：双击放置的信号源，出现如图 2.3.13 所示的对话框，在此可修改信号属性。

图 2.3.12　信号源列表

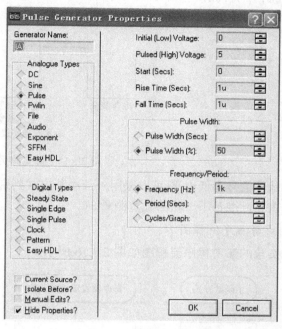

图 2.3.13　　信号源属性修改对话框

　　设置单片机工作时钟：双击仿真电路图中的单片机，即可弹出如图 2.3.14 所示的对话框，修改其中的"Clock Frequency"选项。

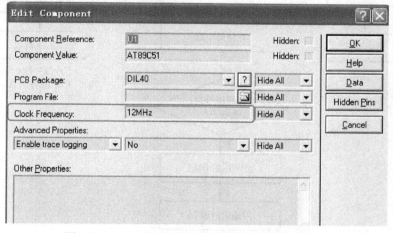

图 2.3.14　Proteus 软件仿真中单片机属性修改界面

2) 脉宽测量思路

　　本实验所给被测信号脉宽范围为 5 ms～50 ms，系统时钟为 12 MHz，定时器/计数器工作方式 1 的最大定时范围将达 65 ms，大于被测信号脉宽，所以可以选择使用定时器/计数器工作方式 1 测量。

如图 2.3.15 所示，将定时器 T0 的 GATE 位设置为 1，这样 T0 的启动或停止受 TR0 和 $\overline{\text{INT0}}$ 控制，而待测信号由 $\overline{\text{INT0}}$ 引脚送入，当 TR0=1 且待测信号为高电平时即可启动定时器，待测信号为低电平时即可停止定时器。

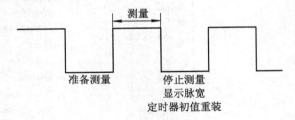

图 2.3.15　脉宽测量

当脉冲信号为低电平(可以采用外部中断方式判别)时，读出计数值并显示，还要将 T0 的初值重装，准备下一轮的脉宽测量。

3) 参考程序流程图

本实验的参考程序流程图如图 2.3.16 所示。

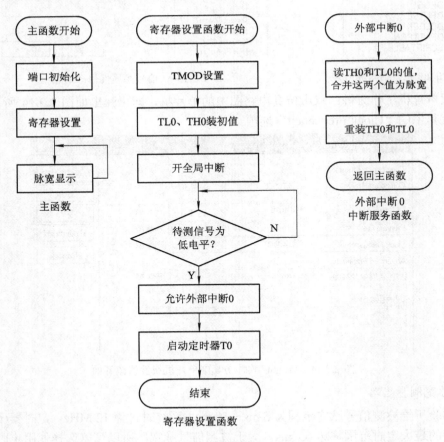

图 2.3.16　实验 10 参考程序流程图

4) 参考程序

实验 10 的参考程序如下：

1.	#include <REGX51.H>
2.	
3.	sbit Dig_ce = P2^6; // 位选控制端
4.	sbit Seg_ce = P2^7; // 段选控制端
5.	sbit Dig0 = P2^0; // 数码管十位
6.	sbit Dig1 = P2^1; // 数码管个位
7.	unsigned char Segtab[] = {0xc0,0xf9,0xa4,0xb0,0x99,0x92,0x82,0xf8,0x80,0x90}; //共阳数码管段码
8.	unsigned int width_us; // 脉宽，单位 us
9.	
10.	void init(); // 寄存器设置函数
11.	void Display(unsigned int temp); // 数码管显示函数
12.	void Delayms(unsigned int x); // 延时函数
13.	/*--*/
14.	void main()
15.	{
16.	P1 = 0X0F;
17.	P2 = 0;
18.	init(); // 寄存器设置
19.	while(1)
20.	{
21.	Display(width_us/1000); // 以 ms 为单位显示脉宽值
22.	}
23.	}
24.	/*--*/
25.	void init() // 寄存器设置函数
26.	{
27.	TMOD &= 0XF0; // 清除所有有关 T0 的位(T1 不变)
28.	TMOD |= 0X09; // 设置 T0：GATE 置 1，定时器模式，工作方式 1；T1 不变；

29.	TH0　　= 0;　　　　// 装初值
30.	TL0　　= 0;
31.	IT0　　= 1;　　　　// 外部中断下降沿触发
32.	EA　　= 1;　　　　// 开总中断允许
33.	while(P3_2);　　　// 避免开始时会测到不完整的脉宽
34.	EX0　　= 1;　　　　// 允许外部中断 0
35.	TR0　　= 1;　　　　// 启动定时器 T0
36.	}
37.	/*--*/
38.	void ISR0()interrupt 0　　　// 外部中断 0 中断服务函数
39.	{
40.	width_us　= TH0;　　　　// 读取脉宽值
41.	width_us　= width_us << 8 ;
42.	width_us |= TL0;
43.	TH0 = 0 ;　　　　　　　// 重装初值
44.	TL0 = 0 ;
45.	}
46.	/*--*/
47.	void Display(unsigned int temp)　// 数码管显示函数 　{
48.	// 此处省略……可参考实验 17 数码管的动态显示
49.	}
50.	/*--*/
51.	void Delayms(unsigned int x)
52.	{ 　// 此处省略……
53.	}

注意： 参考程序未给出数码管显示函数和延时函数的代码，请自行补充完整。

3. 拓展与提高

☞　如果被测信号的脉宽大于 65 ms，应该如何测量呢？

☞　如何测量脉冲信号的周期或者频率？

2.4　51 单片机串口通信

2.4.1　实验目的

(1) 熟练掌握单片机串口通信的不同工作方式及应用；

(2) 熟练掌握单片机串口通信中波特率的计算；

(3) 掌握单片机与计算机之间的串口通信。

2.4.2　主要背景知识

1) 串行口内部结构

AT89C51 单片机片内的串行口为全双工异步收发通信口(UART)，如图 2.4.1 所示。串行口有两个物理上独立的接收、发送缓冲器 SBUF，可同时收发数据。

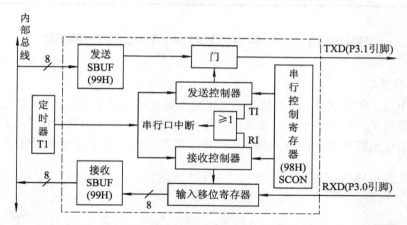

图 2.4.1　AT89C51 串行口内部结构图

2) 相关特殊功能寄存器

相关特殊功能寄存器如表 2.4.1 和表 2.4.2 所示。

表 2.4.1　SCON(串行口控制寄存器)

D7	D6	D5	D4	D3	D2	D1	D0
SM0	SM1	SM2	REN	TB8	RB8	TI	RI

SM0、SM1 串口工作方式选择位	SM0	SM1	工作方式	功能说明
	0	0	0	同步移位寄存器方式(用于扩展 I/O 口)
	0	1	1	8 位异步收发，波特率可变(由定时器控制)
	1	0	2	9 位异步收发，波特率为 fosc/64 或 fosc/32
	1	1	3	9 位异步收发，波特率可变(由定时器控制)

续表

D7	D6	D5	D4	D3	D2	D1	D0
SM2	多机通信控制位，主要用于工作方式 2 和方式 3 中						
REN	允许串行接收位：REN=1，允许串口接收数据；REN=0，禁止串口接收数据						
TB8	发送的第 9 位数据(工作方式 2 或方式 3 时)						
RB8	接收的第 9 位数据(工作方式 2 或方式 3 时)						
TI	发送中断标志位						
RI	接受中断标志位						

表 2.4.2　PCON(电源控制寄存器)

D7	D6	D5	D4	D3	D2	D1	D0
SMOD	—	—	—	GF1	GF0	PD	IDL
SMOD	波特率选择位：SMOD=0，不倍频；SMOD=1，倍频						

实验 11　串口工作方式 1 的应用实验

1. 任务及要求

任务：串口工作方式 1，单片机 U1 发送花型数据给单片机 U2，由连接在 U2 上的 8 个发光二极管显示，控制流水灯，要求波特率为 2400 b/s，仿真电路如图 2.4.2 所示。

要求：通过实践本实训内容，熟练掌握串口工作方式 1 以及波特率的设定方法。

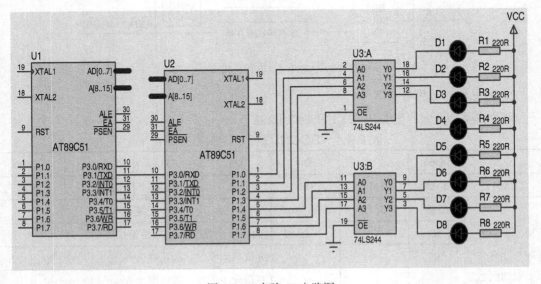

图 2.4.2　实验 11 电路图

2. 分析及指导

单片机 U1 为流水灯花型发送端，单片机 U2 为接收显示端。流水灯的花型由 U1 通过串口发送给 U2 显示。

1) 单片机 U1 的参考程序流程图

单片机 U1 的参考程序流程图如图 2.4.3 所示。

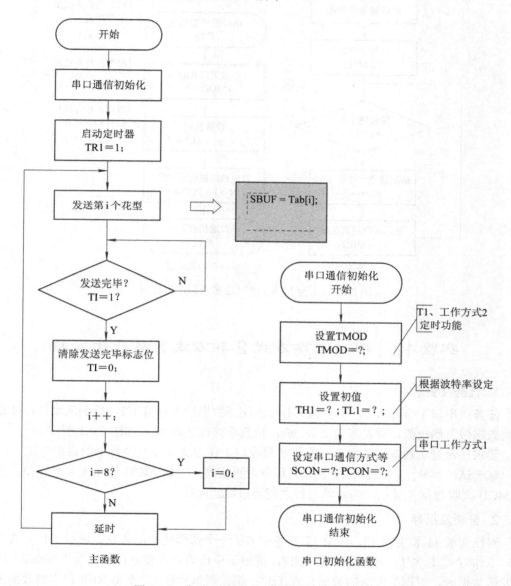

图 2.4.3　实验 11 单片机 U1 的参考程序流程图

2) 单片机 U2 的参考程序流程图

单片机 U2 的参考程序流程图如图 2.4.4 所示。

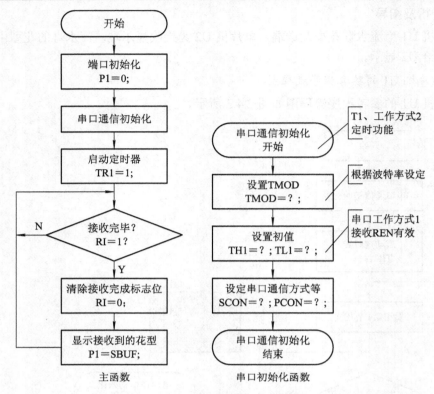

图 2.4.4　实验 11 单片机 U2 参考程序流程图

实验 12　串口工作方式 2 和方式 3 的应用实验

1. 任务及要求

任务：串口工作方式 3，单片机 U1 发送花型数据给单片机 U2，控制流水灯，要求对收发数据做奇偶校验，波特率为 2400 b/s，仿真电路同实验 11，如图 2.4.1 所示。

要求：通过实践本实训内容，熟练掌握串口工作方式 3 以及波特率的设定方法。

试一试：实验 11 和实验 12 也可以用学习板实现，一块 MCU 送出流水灯花型，另一块 MCU 接收数据并显示，两块学习板之间通过跳线连接。

2. 分析及指导

对比实验 11 和实验 12，实验 12 任务中多了一个奇偶校验的要求。串口工作方式 3 比串口工作方式 1 多了一个可编程位 TB8，可用该位作为奇偶校验位。即发送端单片机 U1 在发送数据时，根据所发送的数据设置 TB8；接收端单片机 U2 则将 RB8 和收到数据的奇偶位作比较，如果相同，则接收数据，反之弃之。

如何判断数据的奇偶性呢？如表 2.4.3 所示，PSW.0 可用于判断 ACC 寄存器中存放数据的奇偶性，当 ACC 中 "1" 的个数为奇数时，PSW.0 = 1；当 ACC 中 "1" 的个数为偶数时，PSW.0 = 0。

表 2.4.3　程序状态字寄存器 PSW

D7	D6	D5	D4	D3	D2	D1	D0
Cy	Ac	F0	RS1	RS0	OV	—	P

1) 单片机 U1 的参考程序流程图

单片机 U1 的参考程序流程图如图 2.4.5 所示。

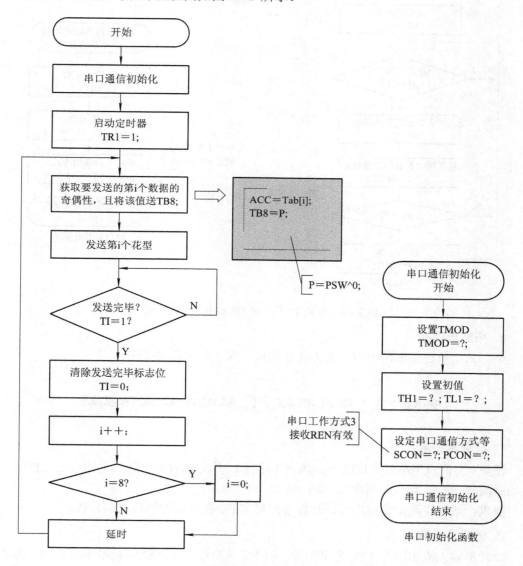

图 2.4.5　实验 12 单片机 U1 参考程序流程图

2) 单片机 U2 的参考程序流程图

单片机 U2 的参考程序流程图如图 2.4.6 所示。

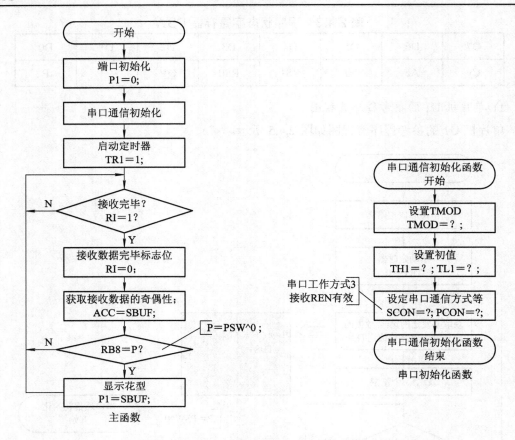

图 2.4.6　实验 12 单片机 U2 参考程序流程图

3. 拓展与提高

☞　本实验如果换用串口工作方式 2 完成，应该做哪些修改呢？

实验 13　单片机与 PC 机的串口通信实验

1. 任务及要求

任务：上位机用串口调试助手发送一个字符 t，单片机收到字符后返回给上位机现在计时的时间(分:秒)，串口波特率为 2400 b/s。

要求：通过实践本实训内容，掌握单片机与 PC 机之间的串口通信方式。

2. 分析及指导

单片机输入输出的是 TTL 电平信号，而 PC 机配置的是 RS232 标准串行接口，两者的电平不匹配，因此互相通信时需要将 TTL 电平和 RS-232 电平进行转换。学习板采用 PL2303 芯片完成 USB 转串行通信的功能，如图 2.4.7 所示。PL2303 是 Prolific 公司生产的一种高度集成的 RS232-USB 接口转换器，可提供一个 RS232 全双工异步串行通信装置与 USB 功能接口便利连接的解决方案。

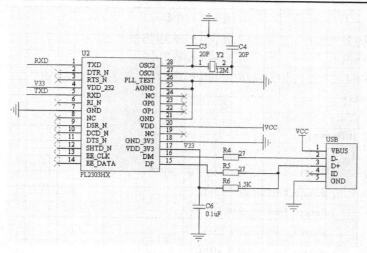

图 2.4.7 学习板 USB 转串电路

用学习板实践本实训任务,首先要往 SST 单片机内烧入 Boot-Strap Loader 监控程序(转换方法参见 1.5 节),然后用 SSTEasyIAP 11F.exe 软件下载编写好的程序代码,最后用串口调试助手完成单片机与 PC 机的串口通信。

注意:

做完该题后,由于串口被占用,因而无法在学习板这个平台上再下载新的程序了,当然也包括 SoftICE 监控程序。此时如要下载新的程序,则只能借助烧录器了。

1) 参考程序

实验 13 的参考程序如下:

1.	#include < regx51.h >
2.	unsigned char minute,second;
3.	unsigned int flag_200us;
4.	bit flag;
5.	/*---*/
6.	void main()
7.	{
8.	unsigned char minute_h,minute_l,second_h,second_l; //定义变量分高位、分低位、秒高位、秒低位
9.	TMOD=0x22;　　　　　　 // 定时器 T1、工作方式 2;定时器 T0、工作方式 2;
10.	TH0 = 56;　　　　　　　 // 定时 200us
11.	TL0 = 56;
12.	TH1 = 0xf3;　　　　　　 // 波特率 2400,学习板上的晶振为 12MHz
13.	TL1 = 0xf3;
14.	SCON= 0x50;　　　　　　 // 串口工作方式 1,允许接收 REN = 1;
15.	EA　 = 1;　　　　　　　 // 允许全局中断

```
16.          ES   = 1;              // 允许串口中断
17.          ET0 = 1;              // 允许定时器 T0 中断
18.          TR0 = 1;              // 启动定时器 T0
19.          TR1 = 1;              // 启动定时器 T1
20.          while(1)
21.          {
22.              if(flag==1)
23.              {
24.                  ES=0;         // 不允许串口中断
25.                  minute_h = minute / 10+'0';                    // 字符显示
26.                  minute_l = minute % 10+'0';
27.                  second_h = second / 10+'0';
28.                  second_l = second % 10+'0';
29.                  SBUF = minute_h; while(!TI);    TI=0;         // 发送分的高位
30.                  SBUF = minute_l; while(!TI);    TI=0;         // 发送分的低位
31.                  SBUF = ':'      ; while(!TI);    TI=0;         // 分和秒的分隔符":"
32.                  SBUF = second_h; while(!TI);    TI=0;         // 发送秒的高位
33.                  SBUF = second_l; while(!TI);    TI=0;         // 发送秒的低位
34.                  ES=1;         // 允许串口中断
35.                  flag=0;       // 中断标志位清零
36.              }
37.          }
38.      }
39.      /*---------------------------------------------------------------------------------------*/
40.      void T0_timer()interrupt 1     //定时器 T0 中断服务函数
41.      {
42.          flag_200us++;
43.          if(flag_200us==5000)
44.          {
45.              flag_200us = 0;
46.              second++;
47.              if(second == 60)
48.              {
49.                  second = 0;
50.                  minute++;
51.                  if(minute==60)
52.                  {
53.                      minute = 0;
54.                  }
55.              }
```

56.	}
57.	}
58.	/*--*/
59.	void ser()interrupt 4 // 串口中断服务函数
60.	{
61.	unsigned char temp;
62.	RI = 0; // 接收标志位清零
63.	temp=SBUF; // 接收到的数据赋给变量 temp
64.	if(temp == 't')
65.	{
66.	flag=1; // 中断标志位置 1
67.	}
68.	}

2) 实验效果

使用串口调试助手的实验结果如图 2.4.8 所示。

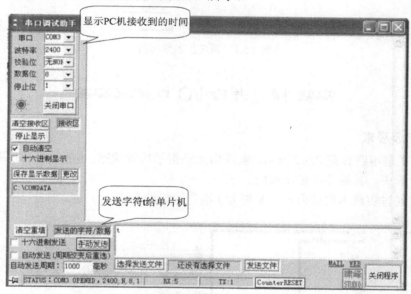

图 2.4.8　使用串口调试助手显示实验结果

2.5　51 单片机系统扩展

2.5.1　实验目的

(1) 掌握利用 74 系列电路扩展单片机并行 I/O 口的方法；

(2) 掌握 51 单片机扩展的外部存储器的编址方法。

2.5.2　主要背景知识

MCU 片内资源有限，应根据需要扩展外部资源，AT89C51 单片机采用总线结构，便于系统扩展。系统扩展主要包括存储器(数据存储器和程序存储器)扩展和 I/O 接口扩展。AT89C51 单片机采用哈佛结构，即程序存储器和数据存储器是各自独立的，扩展后，系统形成两个并行的外部存储器空间。

系统扩展结构图如图 2.5.1 所示，其中地址总线由 P0 口经一个地址锁存器(低 8 位地址 A0～A7)和 P2 口(高 8 位地址 A8～A15)构成；数据总线由 P0 口(D0～D7)构成；控制总线由控制引脚组成，包括 $\overline{\text{PSEN}}$、$\overline{\text{RD}}$、$\overline{\text{WR}}$、ALE 等。

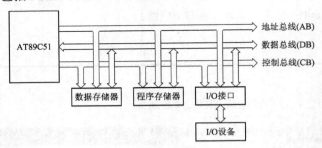

图 2.5.1　系统扩展结构图

实验 14　并行 I/O 口扩展实验

1. 任务及要求

任务：扩展电路如图 2.5.2 所示，实现用光条指示按键状态，例如，当 K0 键被按下时，光条的第一段灭，其余亮，依次对应。

要求：通过实践本实训内容，掌握 I/O 端口的编址方法。

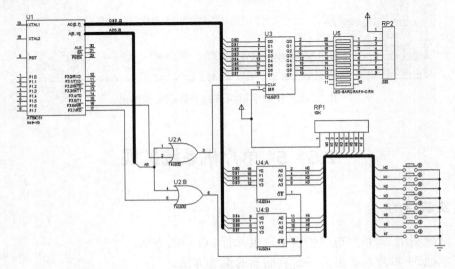

图 2.5.2　实验 14 电路图

注意：仿真电路的绘制中使用了总线(Bus)及网络标识。

2. 分析及指导

1) 电路解析

如图 2.5.2 所示，利用 74LS273 和 74LS244 扩展 P0 口。74LS273 是 8D 锁存器，用于扩展输出口，输出端接光条显示 8 个按键状态，输入低电平时光条对应的段亮。74LS244 是缓冲驱动器，用于扩展输入口，它的 8 个输入端分别接 8 个按键。74LS273 和 74LS244 的工作受单片机 P2.0、P3.6($\overline{RD}$)、P3.7($\overline{WR}$)3 条控制线控制。

当 P2.0=0，$\overline{WR}$ = 0($\overline{RD}$ = 1)时，74LS273 芯片使能，MCU 控制光条输出电路。

当 P2.0=0，$\overline{RD}$ = 0($\overline{WR}$ = 1)时，74LS244 芯片使能，MCU 控制按键输入电路。

思考：

怎样控制 $\overline{WR}$、$\overline{RD}$ 呢？直接给 P3.6 和 P3.7 口赋值？

请仔细阅读单片机数据手册和参考程序，理解读、写外部 RAM 的时序！

2) 参考程序流程图

本实验的参考程序流程图如图 2.5.3 所示。

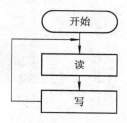

图 2.5.3　实验 14 参考程序流程图

3) 参考程序

实验 14 的参考程序如下：

1.	#include < regx51.h >
2.	
3.	void main()
4.	{
5.	unsigned int Temp=0;
6.	unsigned char xdata *Add;　　// 定义地址指针,将扩展的输入输出电路视为外扩 RAM
7.	Add=　　　　　；　　　　// 地址是多少呢？请根据电路自行分析！
8.	while(1)

9.	{	
10.	Temp=*Add;	// 读
11.	*Add=Temp;	// 写
12.	}	
13.	}	

实验 15　译码器扩展并行 I/O 口实验

1. 任务及要求

任务：扩展电路如图 2.5.4 所示，完成对发光二极管和数码管的显示控制。

要求：通过实践本实训内容，掌握用译码器实现 I/O 的扩展应用。

注意：图中 8 位数码管为共阳数码管。开关 K1 用于选择外设存储器的访问方式：开关 K1 打开时，选择用存储器映射方式；K1 闭合时，nWR 接地，选择用 I/O 口直接控制方式。

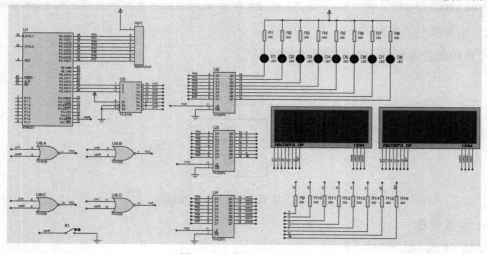

图 2.5.4　实验 15 电路图

2. 分析及指导

1）地址分配

图 2.5.4 中，P2 口的高三位(P2.7、P2.6、P2.5)经 74LS138 译码，8 位发光二极管、数码管位选以及数码管段选的地址如表 2.5.1 所示。

表 2.5.1　地 址 分 配 表

资　源	控制端	P2.7	P2.6	P2.5	地　址
		A15	A14	A13	
发光二极管	nY4	1	0	0	8000H～9FFFH
数码管位选	nY6	1	1	0	C000H～DFFFH
数码管段选	nY7	1	1	1	E000H～FFFFH

2) 参考程序

参考程序将实现：D1、D3、D5、D7 四盏发光二极管亮，D2、D4、D6、D8 四盏发光二极管灭；8 位数码管全部显示数字 1。

(1) 参考程序 1：开关 K1 打开，选择存储器映射方式。

```
1.      #include <REGX51.H>
2.      unsigned char xdata *Add_Led;
3.      unsigned char xdata *Add_Seg;
4.      unsigned char xdata *Add_Dig;
5.      void main()
6.      {
7.        Add_Led = 0x8000;    // 发光二极管地址
8.        Add_Seg = 0xe000;    // 数码管段码地址
9.        Add_Dig = 0xc000;    // 数码管位选地址
10.       *Add_Led = 0xaa;     // 发光二极管显示的花型
11.       *Add_Seg = 0xf9;     // 共阳数码管数字"1"的段码
12.       *Add_Dig = 0xff;     // 8 位数码管全部显示
13.       while(1);
14.     }
```

(2) 参考程序 2：开关 K1 闭合，选择用 I/O 端口直接控制方式。

```
1.      #include <REGX51.H>
2.      void main()
3.      {
4.        P0 = 0xaa;   // 发光二极管显示数据
5.        P2 = 0x80;
6.        P2 = 0;
7.        P0 = 0xf9;   // 数码管段选数据
8.        P2 = 0xe0;
9.        P2 = 0;
10.       P0 = 0xff;   // 数码管位选数据
11.       P2 = 0xc0;
12.       P2 = 0;
```

13.	while(1);
14.	}

3. 拓展与提高

☞　设计硬件电路, 利用串口通信工作方式 0, 实现对系统 I/O 口的扩展。

2.6　数 码 管 显 示

2.6.1　实验目的

(1) 掌握数码管的显示原理及应用;
(2) 掌握数码管的静态显示和动态显示方法。

2.6.2　主要背景知识

1) 数码管工作原理

数码管种类繁多, 下面以一位七段数码管为例讲解。这种数码管共有 8 个显示段, 其中七段(a～g)构成一个 8 字形, 还有一段(dp)为小数点。每一段其实就是一个发光二极管, 根据发光二极管的内部连接方式, 可以分为共阴极数码管和共阳极数码管, 如图 2.6.1 所示。

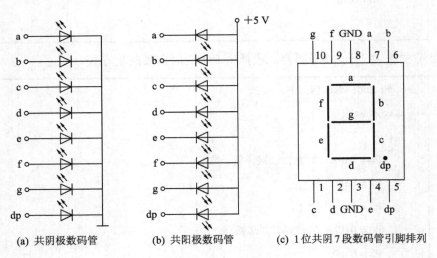

(a) 共阴极数码管　　　(b) 共阳极数码管　　　(c) 1 位共阴 7 段数码管引脚排列

图 2.6.1　1 位 7 段数码管

学习板上选用了两个 4 位共阴极数码管, 引脚图如图 2.6.2 所示。图中引脚上所标识的数字(如 1, 2, 3 等)为引脚号, 标识的符号(如 SEG1, DIG1 等)是绘制电路原理图时添加的网络标识。

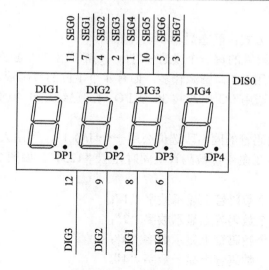

图 2.6.2 4 位共阴极数码管

4 位数码管分别有一个位选端，从右往左依次是 DIG0(6 脚)、DIG1(8 脚)、DIG2(9 脚)、DIG3(12 脚)，且低电平有效；段选(SEG0~SEG7) 4 位数码管公用，SEG0~SEG7 依次对应数码管的 a~g 以及 DP 段。

2) 数码管段码对照表

数码管段码对照表如表 2.6.1 所示。

表 2.6.1　数码管段码对照表

显示字符	共阴极段码	共阳极段码	显示字符	共阴极段码	共阳极段码
0	3FH	C0H	c	39H	C6H
1	06H	F9H	d	5EH	A1H
2	5BH	A4H	E	79H	86H
3	4FH	B0H	F	71H	8EH
4	66H	99H	P	73H	8CH
5	6DH	92H	U	3EH	C1H
6	7DH	82H	T	31H	CEH
7	07H	F8H	y	6EH	91H
8	7FH	80H	H	76H	89H
9	6FH	90H	L	38H	C7H
A	77FH	88H	"灭"	00H	FFH
b	7CH	83H	…	…	…

3) 数码管的显示

数码管有两种显示方式：静态显示和动态显示。

静态显示：每个数码管的每一个段选信号(a～g)都应由一个独立的 I/O 口控制。其优点是显示稳定，缺点是占用 I/O 口资源较多，如有 4 个 1 位的数码管，就需要 4×8 = 32 段选用 I/O 口，以及 4 个位选用 I/O 口，共 36 个 I/O 口，已经超过 40 脚封装的 AT89C51 提供的 I/O 口数量了。

动态显示：多位数码管的同名段选位公用一个 I/O 口，利用人的视觉暂留现象动态扫描显示每一位。例如，要在 4 位数码管上同时显示"1234"，如图 2.6.3 所示，我们可以将其分为 4 个显示状态：

状态 1，仅在第一个数码管上显示数字"1"；

状态 2，仅在第二个数码管上显示数字"2"；

状态 3，仅在第三个数码管上显示数字"3"；

状态 4，仅在第四个数码管上显示数字"4"。

四个状态依次轮流显示，如果在每一位上逗留的时间较长，即轮流显示的速度较慢，那么将会看到四位数码管依次显示数字"1"、"2"、"3"、"4"的过程。如果将轮流速度加快，则由于视觉暂留现象，人的眼睛就会感觉到所有数码管在同时显示"1"、"2"、"3"、"4"。一般来说，只要以 50 Hz 以上的轮流显示的速度，也就是完成一次显示的时间小于20 ms，就感觉不到闪烁现象，看到的就是一组稳定的显示数据。

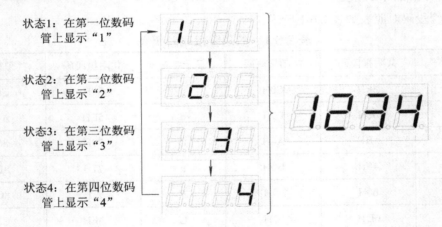

图 2.6.3　数码管动态显示

实验 16　数码管的静态显示

1. 任务及要求

任务：设计数码管显示电路，并在数码管上显示一字形。

要求：通过实践本实训内容，熟练掌握数码管的显示原理以及静态显示方法，能举一反三，在学习板的任意几位数码管上静态显示任意值。

2. 分析及指导

1) 参考电路

本实验的参考电路如图 2.6.4 所示。图中数码管为共阳数码管，采用 74HC573 作为数码管显示驱动芯片，R1～R7 为限流电阻。

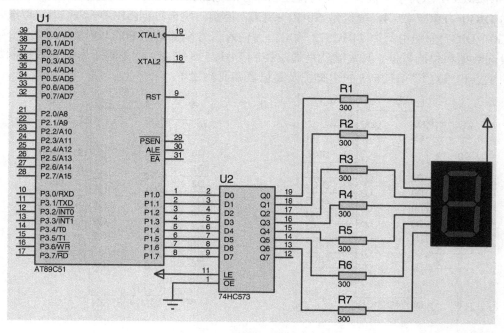

图 2.6.4 实验 16 参考电路图

2) 参考程序

实验 16 的参考程序如下：

```
1.              #include <REGX51.H>

2.              void main()

3.              {

4.                  unsigned char segcode = 0XF9;   // 共阳数码管，数字"1"的段码

5.                  P1 = segcode;

6.                  while(1);

7.              }
```

实验 17   数码管的动态显示

1. 任务及要求

内容：在学习板的 8 位数码管上同时稳定地显示"1234567"。

要求：通过实践本实训内容，熟练掌握数码管的动态显示方法。

2. 分析及指导

1) 学习板硬件电路分析

图 2.6.5 所示为学习板关于数码管控制部分的电路图：一共有 8 位数码管，8 个位选分别由 DIG0～DIG7 控制，段选由 SEG0～SEG7 控制。段选数据(SEG0～SEG7)和位选数据(DIG0～DIG7)分别由两片 74HC573 输出，而输入信号则都是由 P0 口送达。如何区分送出的段选数据和位选数据，其关键就是通过控制 74HC573 完成，这是基于本学习板控制数码管的重点和难点！74HC573 的引脚图及真值表参见附录 F。

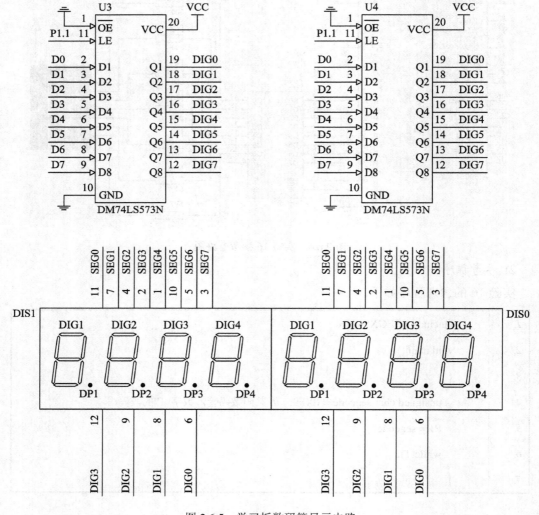

图 2.6.5　学习板数码管显示电路

2) 参考程序流程图

本实验的参考程序流程图如图 2.6.6 所示。

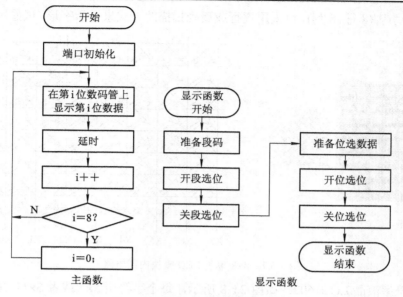

图 2.6.6　实验 17 参考程序流程图

思考：

改变显示函数流程：开段选控制位→送段选数据→关段选控制位，再开位选控制位→送位选数据→关位选控制位，会有什么样的现象？产生这个现象的原因是什么？如何解决？

3) 参考程序(显示函数)

实验 17 的参考程序如下：

1.	void Display(unsigned char num)
2.	{
3.	P0　　　= segtab[num];　　// 送段码，segtab[]为段码数组
4.	Seg_ce = 1;　　// 开段选位，之前有做位声明：sbit Seg_ce = P1^0 ;
5.	Seg_ce = 0;　　// 关段选位
6.	P0　　　= digtab[num];　　// 送位选数据，digtab[]为位选数组
7.	Dig_ce = 1;　　// 开位选位，之前有做位声明：sbit Dig_ce = P1^1 ;
8.	Dig_ce = 0;　　// 关位选位
9.	}

3. 拓展与提高

☞　LED 点阵屏：由若干 LED 灯组成的显示屏。图 2.6.7 所示为 8×8 点阵屏，外部一共留有 16 个引脚(8 行+8 列)，可采用逐行或逐列扫描的方式来显示字形。试显示汉字"中"。

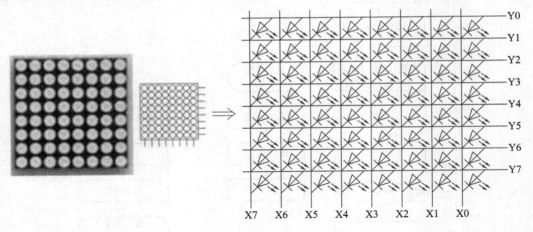

图 2.6.7　8×8 单色 LED 模块内部电路

☞　字符型液晶 LCD1602：如图 2.6.8 所示，每个字符由 5×7 或者 5×11 点阵组成，每个点阵字符位都可以显示一个字符，每位之间有一个点距的间隔，每行之间也有间隔，起到了字符间距和行间距的作用，可同时显示 16×2 个字符。试用 LCD1602 显示你的姓名。

图 2.6.8　LCD1602

☞　图形点阵液晶 LCD12864：如图 2.6.9 所示，显示分辨率为 128×64，具有 4 位/8 位并行、2 线或 3 线串行多种接口方式，内部含有国标一级、二级简体中文字库，内置 8192 个 16×16 点汉字和 128 个 16×8 点 ASCII 字符集，可以显示 8×4 行 16×16 点阵的汉字，也可完成图形显示。试用 LCD12864 显示正弦波。

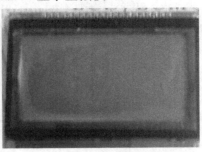

图 2.6.9　LCD12864

2.7 独立按键和键盘矩阵

2.7.1 实验目的

(1) 熟练掌握独立按键的编程方法；
(2) 熟练掌握键盘矩阵的编程方法；
(3) 熟练掌握按键抖动和重键的处理方法。

2.7.2 主要背景知识

1) 按键开关

按键开关是利用机械触点的闭合或断开实现电路转换的开关。

如图 2.7.1 所示，按下开关将导致输入端口的电压由 Vcc 变为 0 V。其中，(a)图适用于对接内部有上拉电阻的端口引脚，(b)图适用于对接内部没有上拉电阻的端口引脚，例如 P0 口。

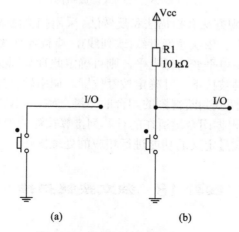

图 2.7.1 按键开关与端口的连接

在理想情况下，电压变化如图 2.7.2(a)所示，然而实际上，所有机械开关的触点在闭合或断开时都会抖动，如图 2.7.2(b)所示。抖动时间长短和开关的机械特性有关，一般为 5 ms～10 ms，一些大型的机械开关的抖动时间可以达到 50 ms 以上。

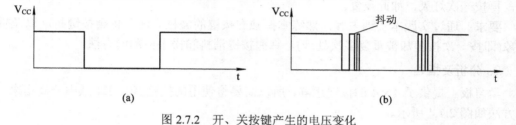

图 2.7.2 开、关按键产生的电压变化

为了确保单片机对一次按键动作只确认一次按键有效，必须消除按键抖动的影响。消除按键抖动可以采用硬件消抖和软件消抖的办法实现。

软件消抖的基本思想是：延时消抖，检测到有键按下时，延时 10 ms 后再读取这个引脚，如果第二次和第一次读取的结果一致，那么认为开关确实被按下。

2) 键盘矩阵

按键数目较多时，可将按键组成行列式键盘，将按键置于行、列的交叉点上。行列式键盘的结构如图 2.7.3 所示。

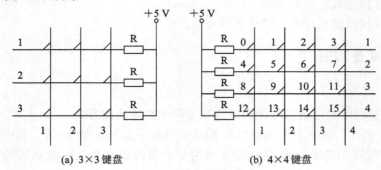

(a) 3×3 键盘　　　　　　　　　(b) 4×4 键盘

图 2.7.3　行列式键盘结构

行列式键盘按键的识别方法有扫描法和反转法。采用扫描法识别键盘的步骤如下所述：

(1) 判断有无键被按下。依次拉低行线(或列线)，检查各列线(或行线)电平的变化，如果某列线(或行线)电平由高电平变为低电平，则可确定此行与列交叉点处的按键被按下。

(2) 确定是否真的有键被按下，并确定按键位置。调用软件延时程序(延时 10 ms)，然后再判断键盘状态，如果两次判断得到的闭合的按键一致，则认为有一个确定的键按下，否则当作按键抖动处理，根据闭合键所在的行和列推算按键的键号。

(3) 键值处理。根据键号定义的功能进行相应的处理操作。

实验 18　独立按键扫描

1. 任务及要求

任务 1：用学习板上的按键 K0 和 K1 实现对 LED 灯的亮灭控制：按 K0 键，LED 灯灭，按 K1 键，LED 灯亮。

任务 2：仅用学习板上的按键 K0 实现对 LED 灯的亮灭控制，即按一次 K0 键 LED 灯亮，再按一次灯灭，如此反复。

要求：通过实践本实训内容，熟练掌握独立按键的编程方法，体会按键抖动以及重键现象(即按一次按键却被重复多次处理)，掌握按键消抖和松手检测的方法。

2. 分析及指导

学习板上提供了 4×4 的按键矩阵，所以需要将使用的按键 K0、K1 从中分离出来。分离方法如图 2.7.4 所示。

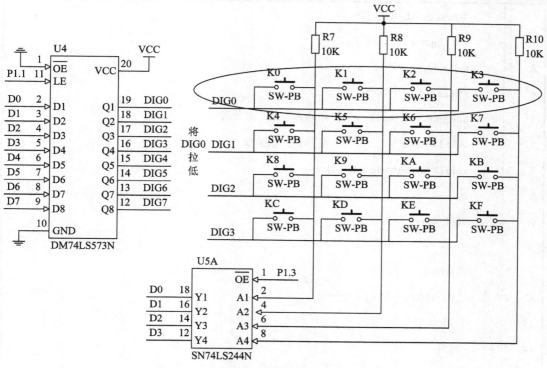

图 2.7.4 从学习板键盘矩阵中分离出独立按键示意图

1) 任务 1 参考程序流程图

任务 1 的参考程序流程图如图 2.7.5 所示。

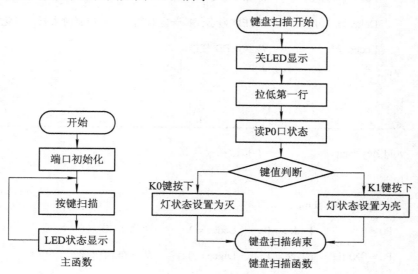

图 2.7.5 实验 18 任务 1 参考流程图

2) 任务 1 参考程序

任务 1 的参考程序如下：

```
1.        #include <REGX51.H>

2.        sbit Digce = P1^1 ;

3.        sbit Keyce = P1^3 ;

4.        sbit Ledce = P1^2 ;

5.        unsigned char status ;          // 全局变量，灯状态

6.        void Keyscan();                 // 按键扫描函数

7.        void Delayms(unsigned int i);

8.        /*-------------------------------------------------------------------------------------*/

9.        void main()

10.       {

11.          P0 = 0;

12.          P1 = 0X0C;

13.          while(1)

14.          {

15.            Keyscan();                 // 按键扫描

16.            Ledce = 0 ;                // 开 LED 使能

17.            P0      = status ;         // LED 显示

18.            Delayms(10);               // LED 显示保持一定时间，但不能延时太长，以免漏键

19.            Ledce = 1 ;                // 关 LED 使能

20.          }

21.       }

22.       /*-------------------------------------------------------------------------------------*/

23.       void Keyscan()                  // 按键扫描函数

24.       {

25.          unsigned char Temp ;

26.          P0 = 0 ;         Ledce = 0 ;    Ledce = 1 ;       // 关 LED 显示

27.          P0 = 0XFE ;      Digce = 1 ;    Digce = 0 ;       // 拉低第一行

28.          P0 = 0XFF ;                     // 准备读 P0 端口

29.          Keyce = 0 ;                     // 开按键使能

30.          Temp   = P0 ;                   // 读 P0 端口
```

31.	Temp = Temp&0X03 ;	//提取与按键相关的低两位数据
32.	switch(Temp)	//判断按键
33.	{	
34.	case 0X01: status = 0XFF; break;	// K1 键按下，灯亮
35.	case 0X02: status = 0 ; break;	// K0 键按下，灯灭
36.	default: break;	
37.	}	
38.	Keyce = 1;	// 关按键使能
39.	}	
40.	/*---*/	
41.	void Delayms(unsigned int i)	
42.	{	
43.	此处省略……	
44.	}	

3) 任务 2 参考程序 1——未加消抖和松手检测(按键扫描函数)

任务 2 的参考程序 1 如下：

1.	void Keyscan()	
2.	{	
3.	unsigned char Temp ;	
4.	P0 = 0 ; Ledce = 0 ; Ledce = 1 ;	// 关 LED 显示
5.	P0 = 0XFE ; Digce = 1 ; Digce = 0 ;	// 拉低第一行
6.	P0 = 0XFF ;	// 准备读 P0 端口
7.	Keyce = 0 ;	// 开按键使能
8.	Temp = P0 ;	// 读 P0 端口
9.	Temp = Temp&0X01 ;	// 提取与按键 K0 相关的位
10.	if(Temp == 0)	// 如果 K0 按下
11.	{	
12.	status = ~status;	// 灯状态翻转
13.	}	

14.	Keyce = 1 ;　　　　　　　　// 关按键使能
15.	}

注意：本参考程序与任务 1 的程序基本相同，区别在于按键扫描函数：第 9 行和第 12 行有修改。

执行此程序，观察实验现象，会发现 K0 键好像突然"不灵敏"了，每次按动 K0 键后，灯的状态并不像预想的那样灵活、到位地翻转了。

这并非按键真的出了问题，而是程序的问题。任务 2 中，要求每次按下 K0 键时，灯的状态都要翻转，所以必须坚决杜绝按键抖动和重键现象(如背景知识中所述)。

4) 任务 2 参考程序(按键扫描函数)流程图

任务 2 的参考程序流程图如图 2.7.6 所示。

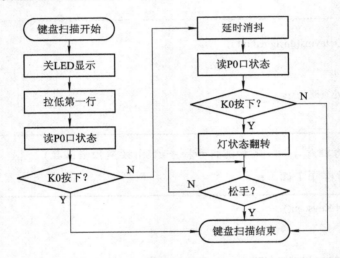

图 2.7.6　实验 18 任务 2 参考程序(按键扫描函数)流程图

5) 任务 2 参考程序 2——加消抖和松手检测(按键扫描函数)

任务 2 的参考程序 2 如下：

1.	void Keyscan()
2.	{
3.	unsigned char Temp ;
4.	P0 = 0 ;　　　Ledce = 0 ;　Ledce = 1 ;　　　　// 关 LED 显示
5.	P0 = 0XFE ;　Digce = 1 ;　Digce = 0 ;　　　　// 拉低第一行
6.	P0　　= 0XFF ;　　　　　　// 准备读 P0 端口
7.	Keyce = 0 ;　　　　　　　// 开按键使能
8.	Temp　= P0 ;　　　　　　// 读 P0 端口

9.	Temp　= Temp&0X01 ;	// 提取与按键相关的第二位
10.	if(Temp == 0)	// 如果按键 K0 按下
11.	{	
12.	Delayms(10);	// 延时 10 ms 消抖
13.	Temp　= P0 ;	// 再读 P0 端口
14.	Temp　= Temp&0X01 ;	// 提取与按键 K0 相关的位
15.	if(Temp == 0)	// 如果按键 K0 真的按下
16.	{	
17.	status = ~status;	// 灯状态翻转
18.	}	
19.	while(Temp == 0)	// 松手检测
20.	{	
21.	Temp　= P0 ;	
22.	Temp　= Temp&0X01 ;	
23.	}	
24.	}	
25.	Keyce = 1;	// 关按键使能
26.	}	

注意：参考程序的部分(主函数、延时函数等)同任务 1，按键扫描函数增加了消抖和松手检测代码。

实验 19　键盘矩阵扫描

1. 任务及要求

任务：用学习板上的数码管显示 4×4 键盘矩阵相应的键值。

要求：通过实践本实训内容，熟练掌握键盘矩阵的编程方法。

2. 分析及指导

学习板上提供了 4×4 的键盘矩阵，可以选择逐行扫描的方法，即从第一行开始扫描一直到第四行。

以下的参考程序流程图和参考程序都以扫描第一行为例，大家可以参考着补充第二行、第三行以及第四行扫描的代码，然后再想想如何优化这个程序！

1) 参考程序流程图(以扫描第一行按键为例)

参考程序的流程图如图 2.7.7 所示。

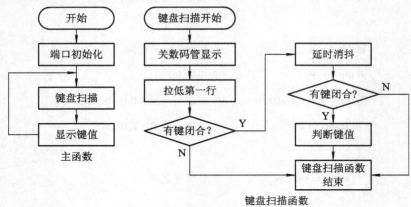

图 2.7.7　实验 19 参考程序流程图(以扫描第一行为例)

2) 参考程序(以扫描第一行按键为例)

实验 19 的参考程序如下：

1.	#include <REGX51.H>
2.	#define uint unsigned int
3.	#define uchar unsigned char
4.	sbit Keyce = P1^3;
5.	sbit Segce = P1^0;
6.	sbit Digce = P1^1;
7.	uchar code Seg_tab[]={0x3f,0x06,0x5b,0x4f,0x66,0x6d,
8.	0x7d,0x07,0x7f,0x6f,0x77,0x7c,0x39,0x5e,0x79,0x71};　　//共阴数码管段码
9.	uchar Keynum;　　　　　　　　　　// 键值
10.	void Delayms(uint);
11.	void Keyscan();　　　　　　　　// 键盘扫描函数
12.	void Display(unsigned char num);　// 数码管显示函数
13.	/*---*/
14.	void main()
15.	{
16.	P0=0;
17.	P1=0x0c;

```
18.        while(1)
19.        {
20.            Keyscan();              // 键盘扫描
21.            Display(Keynum);        // 数码管显示
22.        }
23.    }
24.    /*-------------------------------------------------------------------------------*/
25.    void Keyscan()                  // 键盘扫描函数(以扫描第一行为例)
26.    {
27.      uchar Temp1,Temp2;
28.      P0=0;      Segce=1;    Segce=0;       // 关数码管显示
29.      P0=0xfe; Digce=1;      Digce=0;       // 扫描第一行
30.      Keyce = 0;                     // P1_3 拉低，74LS244 使能
31.      P0 = 0xff;
32.      Temp1 = P0;                    // 读 P0 口数据
33.      Temp1=Temp1&0x0f;              // 提取按键相关数据--P0 口的低四位
34.      if(Temp1!=0x0f)                // 判断是否有按键按下
35.      {
36.        Delayms(10);                 // 延时消抖
37.        Temp2=P0;   Temp2=Temp2&0x0f;    // 再读 P0 口，并提取 P0 口低四位数据
38.        if(Temp1==Temp2)   //如果两次读取的按键数据一致，则表示有按键按下
39.        {
40.          switch(Temp2)              // 判断键值
41.          {
42.            case 0x0e:Keynum=0;break;
43.            case 0x0d:Keynum=1;break;
44.            case 0x0b:Keynum=2;break;
45.            case 0x07:Keynum=3;break;
46.            default:break;
47.          }
```

```
48.            }
49.          }
50.        Keyce=1;        // 关按键使能
51.      }
52.      /*--------------------------------------------------------------------------*/
53.      void Display(unsigned char num)        // 数码管显示函数
54.      {
55.          P0=Seg_tab[num];    Segce=1;    Segce=0;
56.          P0=0xfe;                Digce=1;   Digce=0;    Delayms(1);
57.      }
58.      /*--------------------------------------------------------------------------*/
59.      void Delayms(uint i)
60.      {
61.          // 此处省略……
62.      }
```

Part 3

综合篇

——51 单片机系统综合实训

本篇包括五个综合实训项目，选取了 1-wire 总线系统、SPI 总线系统和 I²C 总线系统等常用接口系统的设计，以及红外、无线通信等系统的设计，具有一定的代表意义和实用价值。在进一步掌握 51 单片机设计方法的同时，掌握器件的知识也是非常重要的，需要设计者阅读不同器件的数据手册，了解器件的基本工作原理、工作时序等。

读者通过本篇内容的学习，能够完成基于 51 单片机的系统的设计开发。

实训 1　基于 DS18B20 的数字温度计的设计与制作

1. 实训任务

基于 DS18B20 设计制作一数字温度计，可实时显示室温。

2. 主要背景知识

1) DS18B20 简介

温度传感器的种类众多，DALLAS 公司生产的 DS18B20 数字温度传感器具有体积小，抗干扰能力强，精度高，硬件开销小等特点。图 3.1.1 为 DS18B20 的引脚排列及功能图。关于 DS18B20 的更多信息请查看其数据手册，以下仅对其中部分内容进行说明。

DS18B20 数字温度传感器采用全数字温度转换及输出；提供 9～12 位摄氏温度测量，而且有一个由高低电平触发的可编程的不因电源消失而改变的报警功能。

DS18B20 通过一个单线接口发送或接收信息，因此在 MCU 和 DS18B20 之间仅需一条连接线(需加上地线)。它的测温范围为 $-55℃～+125℃$，$-10℃～+85℃$ 范围内精度为 $±0.5$ ℃。DS18B20 可采用外部电源 3 V～5.5 V 供电，也能直接从单线数据线上摄取能量，除去了对外部电源的需求。DS18B20 具有 64 位光刻 ROM，内置产品序列号，每个 DS18B20 都拥有自己的序列号，这样方便多机挂接。

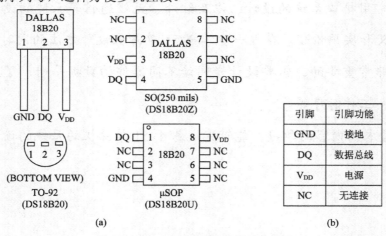

图 3.1.1　DS18B20 引脚排列及功能图

2) 1-wire

1-wire 即单线总线，又叫单总线，它由美国的达拉斯半导体公司(DALLAS SEMICONDUCTOR)推出。总线采用单根信号线，既可传输时钟，又能传输数据，而且数据传输是双向的。这种单总线技术具有线路简单，硬件开销少，成本低廉，便于总线扩展和维护等优点。

单总线适用于单主机系统，能够控制一个或多个从机设备。主机可以是微控制器，从机可以是单总线器件，它们之间的数据交换只通过一条信号线完成。当只有一个从机设备时，系统可按单节点系统操作；当有多个从机设备时，系统则按多节点系统操作。

3) DS18B20 的 ROM 操作命令

DS18B20 具有 64 位光刻 ROM，表 3.1.1 所示为其各位定义：前 8 位是产品类型标号；接着是每个器件的唯一的序列号，共 48 位；最后 8 位是前 56 位的 CRC 循环冗余校验码。

表 3.1.1　64 位光刻 ROM

8 位 CRC 码	48 位序列号	8 位产品类型标号

DS18B20 采用单总线通信，须先建立 ROM 操作协议才能进行存储和控制操作。对 ROM 的操作包括：

➢ 读出 ROM(33H)：用于读出 DS18B20 的序列号，即 64 位光刻 ROM 代码。

➢ 匹配 ROM(55H)：用于识别(或选中)某一特定的 DS18B20 进行操作。

➢ 搜索 ROM(F0H)：用于确定总线上的节点数以及所有节点的序列号。

➢ 跳过 ROM(CCH)：命令发出后系统将对所有 DS18B20 进行操作，通常用于启动所有 DS18B20 转换之前，或系统中仅有一个 DS18B20 时。

➢ 报警搜索(ECH)：主要用于鉴别和定位系统中超出程序设定的报警温度界限的节点。

注意：如果主机只对一个 DS18B20 操作，则无需读取和匹配 ROM，用跳过 ROM 命令，然后进行温度转换和读取操作。

4) DS18B20 的存储器操作命令

DS18B20 内部存储器包括一个高速暂存器 RAM 和一个非易失性可电擦除的 EEPROM。

高速暂存器 RAM 的结构为 9 字节的存储器，结构如图 3.1.2 所示。前 2 字节是测得的温度信息，温度数据存储格式如图 3.1.3 所示。第 2、3 字节是复制的 TH 和 TL，是易失的，每次上电复位时会被刷新。第 4 字节为配置寄存器，用于确定温度值的数字转换分辨率。配置寄存器位定义如图 3.1.4 所示，DS18B20 分辨率的定义如图 3.1.5 所示。第 5～7 字节是保留的，表现为全逻辑 1。第 8 字节是前面所有 8 个字节的 CRC 码。

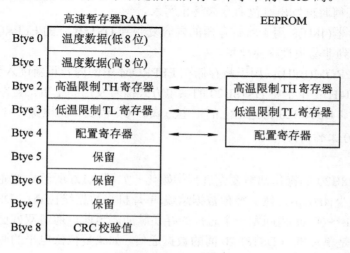

图 3.1.2　高速暂存器 RAM 及 EEPROM

	BIT 7	BIT 6	BIT 5	BIT 4	BIT 3	BIT 2	BIT 1	BIT 0
LS BYTE	2^3	2^2	2^1	2^0	2^{-1}	2^{-2}	2^{-3}	2^{-4}
	BIT 15	BIT 14	BIT 13	BIT 12	BIT 11	BIT 10	BIT 9	BIT 8
MS BYTE	S	S	S	S	S	2^6	2^5	2^4

S=SIGN

图 3.1.3　温度数据存储格式

BIT 7	BIT 6	BIT 5	BIT 4	BIT 3	BIT 2	BIT 1	BIT 0
0	R1	R0	1	1	1	1	1

图 3.1.4　配置寄存器结构

R1	R0	分辨率 (bits)	最大转换时间	
0	0	9	93.75 ms	($t_{CONV}/8$)
0	1	10	187.5 ms	($t_{CONV}/4$)
1	0	11	375 ms	($t_{CONV}/2$)
1	1	12	750 ms	(t_{CONV})

图 3.1.5　DS18B20 分辨率定义及转换时间

以下是对高速暂存器 RAM 和 EEPROM 的操作指令：

➤ 温度转换(44H)：用于启动 DS18B20 进行温度测量，温度转换命令被执行后 DS18B20 保持等待状态。如果主机在这条命令之后跟着发出读时间隙，而 DS18B20 又忙于温度转换，则 DS18B20 将在总线上输出"0"；若温度转换完成，则输出"1"。

➤ 读暂存器(BEH)：用于读取暂存器中的内容，从字节 0 开始最多可以读取 9 个字节。如果不想读完所有字节，主机可以在任何时间发出复位命令来终止读取。

➤ 写暂存器(4EH)：用于将数据写入到 DS18B20 暂存器的地址 2 和地址 3(TH 和 TL 字节)。可以在任何时刻发出复位命令来终止写入。

➤ 复位暂存器(48H)：用于将暂存器的内容复制到 DS18B20 的 EEPROM，即把温度报警触发字节存入到非易失性存储器里。

➤ 重读 EEPROM(B8H)：用于将存储在 EEPROM 中的内容重新读入到暂存器中。

➤ 读电源(B4H)：用于将 DS18B20 的供电方式信号发送到主机。若在这条命令发出之后发出读时隙，则 DS18B20 将返回它的供电方式。"0"代表寄生电源，"1"代表外部电源。

5) DS18B20 工作时序

(1) 初始化。

所有对 DS18B20 的操作都需要先进行初始化，如图 3.1.6 所示。首先由单片机将单总线拉低且保持至少 480 μs，然后释放数据总线(单片机将数据线拉高)，DS18B20 接到复位信号后会在 15 μs～60 μs 内回发一个芯片的存在脉冲。至此，通信双方已经达成了基本的协议，接下来将是单片机与 DS18B20 间的数据通信。如果复位低电平的时间不足或是单总线的电路断路，则都不会接到存在脉冲。

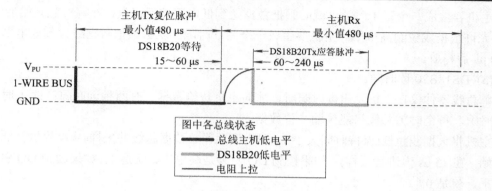

图 3.1.6　DS18B20 初始化时序

DS18B20 读时隙和写时隙的时序如图 3.1.7 所示。

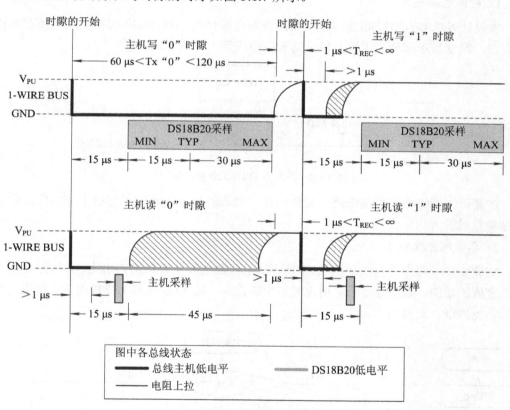

图 3.1.7　DS18B20 读时隙和写时隙时序

(2) DS18B20 写时隙。

当主机把数据线从逻辑高电平拉到逻辑低电平的时候，写时隙开始。有两种写时隙：写 1 时隙和写 0 时隙。写时隙在 60 μs～120 μs 之间，两个写周期间应留出至少 1 μs 的恢复时间。每个时隙总线只能传输一位数据。

主机将 DQ 引脚拉低后，DS18B20 在一个 15 μs～60 μs 的时间窗口内对 DQ 引脚进行采样：若 DQ 引脚是高电平，就是写 1；若 DQ 引脚是低电平，就是写 0。

主机要生成一个写 1 时隙，就必须把数据拉到低电平然后释放，在写时隙开始后的 15 μs 内允许数据线拉到高电平。主机要生成一个写 0 时隙，就必须把数据线拉到低电平并保持 60 μs 后释放。

(3) DS18B20 读时隙。

单总线器件仅在主机发出读时隙时，才向主机传输数据。有两种读时隙：读 1 时隙和读 0 时隙。每个时隙总线只能传输一位数据。

主机将数据线拉低(保持时间大于 1 μs 即可)后释放数据总线并采样(从单片机拉低数据线开始，在 15 μs 内进行采样)：如果读到 DQ 引脚是高电平，就是 1；如果读到 DQ 引脚是低电平，就是 0。

3. 分析及指导

1) 硬件电路设计

本设计以单节点 DS18B20 为例，采用外部电源供电，DS18B20 的数据线连接在单片机 P2.0 口，温度显示部分采用学习板上的 8 位数码管，如图 3.1.8 所示。

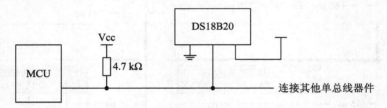

图 3.1.8　单节点 DS18B20 参考电路

注意：本图省略了振荡电路、复位电路、数码管显示电路等学习板上的电路，学习板电路参看附录 A。

2) 参考程序流程图

实训 1 参考程序流程图如图 3.1.9 所示。主函数主要完成系统初始化、读取温度以及转换温度值的功能。数码管显示采用定时器中断控制，每 3 ms 显示 1 位数码管，以保证数码管显示无闪烁、无抖动。

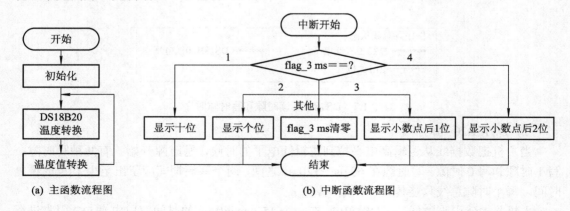

(a) 主函数流程图　　　　　　　　　　(b) 中断函数流程图

图 3.1.9　实训 1 参考程序流程图(1)

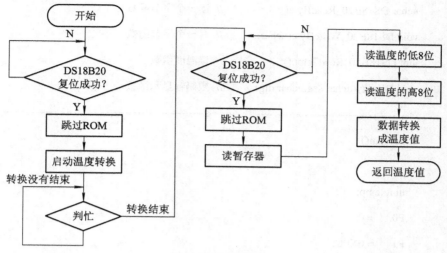

(c) 温度转换函数

图 3.1.9 实训 1 参考程序流程图(2)

3) 参考程序示例

实训 1 的参考程序如下:

1.	#include <REGX51.H>
2.	#define uint unsigned int
3.	#define uchar unsigned char
4.	
5.	sbit DQ = P2^0;
6.	sbit Digce = P1^1;
7.	sbit Segce = P1^0;
8.	
9.	uchar Segtab[]={0x3f,0x06,0x5b,0x4f,0x66,0x6d,0x7d,0x07,0x7f,0x6f,
10.	0xbf,0x86,0xdb,0xcf,0xe6,0xed,0xfd,0x87,0xff,0xef}; //共阴数码管段码表;
	//　前十个为 0~9 的段码(不显示小数点); 后十个为数字 0~9 且显示小数点的段码;
11.	uchar Digtab[]={0xfe,0xfd,0xfb,0xf7,0xef,0xdf,0xbf,0x7f}; //位选数组
12.	uchar flag_3ms;
13.	uchar shi,ge,xiao1,xiao2;
14.	bit DS18B20_Reset(); // 复位函数
15.	bit DS18B20_Readbit(); // 读 1 个位函数

16.	uchar DS18B20_ReadByte();　　　　// 读一个字节函数
17.	void DS18B20_WriteByte(uchar);　　// 写一个字节函数
18.	uint DS18B20_ReadTemp();　　　　　// 读温度函数
19.	void Display(uchar seg,uchar dig);　　// 数码管显示函数
20.	/*--*/
21.	void main()
22.	{
23.	uint temp;
24.	P0　 = 0;
25.	P1　 = 0X0C;
26.	TMOD = 0x01;　　　　　　　　// 定时器 T0 工作方式 1
27.	EA　 = 1;
28.	ET0　= 1;　　　　　　　　　　// 开定时器中断允许位
29.	TL0　= (65536-3000)%256;　　　// 赋初值
30.	TH0　= (65536-3000)/256;
31.	temp = DS18B20_ReadTemp();　　// 第一次读温度
32.	TR0　= 1;　　　　　　　　　　// 启动定时器
33.	while(1)
34.	{
35.	temp　= DS18B20_ReadTemp();　// 读温度
36.	shi　= temp/1000;
37.	ge　 = temp/100%10;
38.	xiao1 = temp%100/10;
39.	xiao2 = temp%10;
40.	}
41.	}
42.	/*--*/
43.	void T0_timer()interrupt 1　　　　　// 定时，每 3ms 显示一位数码管
44.	{
45.	TL0 = (65536-3000)%256;

```
46.          TH0 = (65536-3000)/256;
47.          flag_3ms++;
48.          switch(flag_3ms)
49.          {
50.              case 1: Display(shi,3); break;
51.              case 2: Display(ge+10,2); break;
52.              case 3: Display(xiao1,1); break;
53.              case 4: Display(xiao2,0); break;
54.              default: flag_3ms=0; break;
55.          }
56.      }
57.      /*-------------------------------------------------------------------------------------------*/
58.      bit DS18B20_Reset()      // DS18B20 复位函数
59.      {
60.          bit x=0;      // x 标识复位结果，DS18B20 是否存在
61.          uint i;
62.          DQ = 0;
63.          i   = 103;
64.          while(i>0)i--;
65.          DQ = 1;
66.          i   = 4;
67.          while(i>0)i--;
68.          x   = DQ;                    // x=0：DS18B20 存在；x=1：DS18B20 不存在
69.          while(!DQ);
70.          return x;
71.      }
72.      /*-------------------------------------------------------------------------------------------*/
73.      bit DS18B20_Readbit()              // DS18B20 读一个位
74.      {
75.          uint i;
```

```
76.          bit bdat=0;
77.          DQ = 0;  i++;
78.          DQ = 1;  i++;i++;
79.          bdat = DQ;
80.          i=8;while(i>0)i--;
81.          return(bdat);
82.        }
83.      /*-------------------------------------------------------------------------------*/
84.      uchar DS18B20_ReadByte()              // DS18B20 读一个字节
85.      {
86.        uchar i,dat,j;
87.        for(i=1;i<=8;i++)
88.         {
89.           j=DS18B20_Readbit();
90.            dat=(j<<7)|(dat>>1);
91.         }
92.        return(dat);
93.      }
94.      /*-------------------------------------------------------------------------------*/
95.      void DS18B20_WriteByte(uchar dat)              // DS18B20 写一个字节
96.      {
97.        uint i;
98.        uchar j=0;
99.        bit testb=0;
100.       for(j=1;j<=8;j++)
101.        {
102.          testb=dat&0x01;
103.          dat=dat>>1;
104.          if(testb)              //写 1
105.            {
```

106.	DQ=0;
107.	i++;i++;
108.	DQ=1;
109.	i=8;while(i>0)i--;
110.	}
111.	else　　　　　　　// 写 0
112.	{
113.	DQ=0;
114.	i=8;while(i>0)i--;
115.	DQ=1;
116.	i++;i++;
117.	}
118.	}
119.	}
120.	/*---*/
121.	uint DS18B20_ReadTemp()　　　　　// 温度转换及读取
122.	{
123.	uchar tl,th;
124.	uint t;
125.	float f_t;
126.	while(DS18B20_Reset());　　　　　// 复位
127.	DS18B20_WriteByte(0xcc);　　　　// 跳过 ROM
128.	DS18B20_WriteByte(0x44);　　　　// 启动温度转换
129.	while(!DS18B20_Readbit());　　　　// 判忙
130.	while(DS18B20_Reset());　　　　　// 复位
131.	DS18B20_WriteByte(0xcc);　　　　// 跳过 ROM
132.	DS18B20_WriteByte(0xbe);　　　　// 读暂存器
133.	tl=DS18B20_ReadByte();　　　　　// 读低字节
134.	th=DS18B20_ReadByte();　　　　　// 读高字节
135.	t= th;

```
136.            t<<=8;
137.            t=t|tl;
138.            f_t=t*0.0625;
139.            t=f_t*100+0.5;        // *100:精确到小数点后 2 位；+0.5：四舍五入
140.            return t;
141.        }
142.        /*-----------------------------------------------------------------------------------------------------*/
143.        void Display(uchar seg,uchar dig)            // 数码管显示函数
144.        {
145.            P0=Segtab[seg];   Segce=1;   Segce=0;
146.            P0=Digtab[dig];   Digce=1;   Digce=0;
147.        }
```

实训 2　基于 TLC1543 的数字电压表的设计与制作

1. 实训任务

基于 TLC1543 设计制作一数字电压表，电压测量范围为 DC 0 V～5 V。

2. 主要背景知识

1) 模/数转换器 TLC1543 简介

TLC1543 是 TI 公司的 10 位串行模/数转换器，使用开关电容逐次逼近技术完成 A/D 转换；采用 4 线串行外设接口(SPI 总线接口)，能节省单片机 I/O 资源。TLC1543 的引脚排列及引脚功能如图 3.2.1 所示。关于 TLC1543 的更多信息请查看其数据手册，以下仅对其中部分内容进行说明。

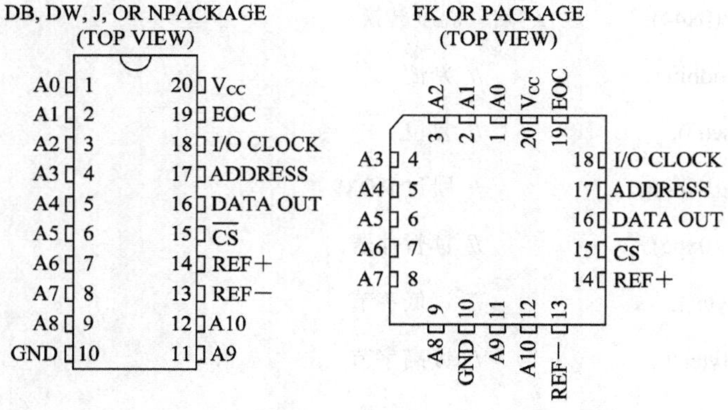

引脚	引脚功能
VCC	电源(5 V)
GND	地
A0～A10	11个模拟输入端
EOC	转换完成标志
I/O CLOCK	时钟输入端
ADDRESS	地址信号输入端
DATA OUT	转换数据输出端
CS	片选输入端
REF+	基准电压正端
REF-	基准电压负端

图 3.2.1　TLC1543 引脚排列及引脚功能

TLC1543 的主要技术指标：10 位分辨率 A/D 转换器；在工作温度范围内，AD 转换时间为 10 μs；11 个模拟输入通道；3 路内置自测方式；采样率为 66 kb/s；线性误差为 ±1 LSBmax；转换结束输出 EOC；具有单、双极性输出；具有可编程的 MSB 和 LSB 前导；可编程输出数据长度。

2) SPI 总线接口简介

SPI(Serial Peripheral Interface，串行外设接口)总线系统是一种同步串行外设接口，它可以使 MCU 与各种外围设备以串行方式进行通信来交换信息。区别于异步串行通信，SPI 总线利用时钟线对数据位进行同步。

SPI 接口分为四线制和三线制两种。四线制 SPI 接口有 4 条线：CS(片选线)、SCK(串行时钟线)、MOSI(主机输出/从机输入数据线)和 MISO(主机输入/从机输出数据线)，采用全双工通信，收发同时进行。三线制 SPI 接口有 3 条线：CS(片选线)、SCK(串行时钟线)和 DIO(数据输入/输出线)，采用半双工通信，只能分时进行收发。采用 SPI 总线接口可以简化电路设计，节省很多常规电路中的接口器件和 I/O 口线，提高设计的可靠性。

利用 SPI 总线可在软件控制下构成各种系统，如由 1 个主 MCU 和几个从 MCU 构成的集中式控制系统；由几个从 MCU 相互连接构成的多主机系统(分布式控制系统)等。在大多数应用场合，可使用 1 个 MCU 作为主控机来控制数据，并向 1 个或几个从外围器件传送该数据。从器件只有在主机发命令时才能接收或发送数据。图 3.2.2 为 SPI 总线系统构成示例。

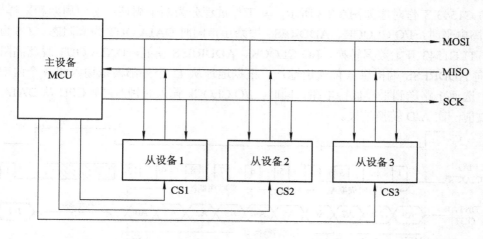

图 3.2.2　SPI 总线系统构成示例(由 1 个主机多个从机组成)

有些单片机(例如 SST89E516RD)是带有 SPI 接口的。对于不带 SPI 串行总线接口的单片机，可以使用软件来模拟 SPI 的时序实现。

3) TLC1543 模拟输入通道地址和内部测试电压地址

表 3.2.1 和表 3.2.2 分别为 TLC1543 的 11 个模拟输入通道地址和 3 个内部测试电压地址。

表 3.2.1　TLC1543 模拟输入通道地址

模拟输入通道	输入寄存器地址(二进制)	模拟输入通道	输入寄存器地址(二进制)
A0	0000	A6	0110
A1	0001	A7	0111
A2	0010	A8	1000
A3	0011	A9	1001
A4	0100	A10	1010
A5	0101		

表 3.2.2　TLC1543 内部测试电压地址

内部测试电压选择	输入地址(二进制)	输出结果(十六进制)
(Vref+ + Vref−)/2	1011	200
Vref−	1100	000
Vref+	1101	3FF
注：Vref+为加到 TLC1543 REF+端的电压，Vref−为加到 REF-端的电压		

4) TLC1543 工作时序

TLC1543 工作时序如图 3.2.3 所示，其工作过程分为两个周期：访问周期和采样周期。$\overline{CS}$ 为高电平时，I/O CLOCK、ADDRESS 被禁止，同时 DATA OUT 为高阻态。$\overline{CS}$ 为低电平时，TLC1543 开始数据转换，I/O CLOCK、ADDRESS 使能，DATA OUT 脱离高阻态。CPU 向 ADDRESS 端提供 4 位通道地址，根据地址从 11 个外部模拟输入和 3 个内部自测电压中选通 1 路送到采样保持电路。同时，I/O CLOCk 输入时钟时序，CPU 从 DATA OUT 端接收前一次 A/D 转换结果。

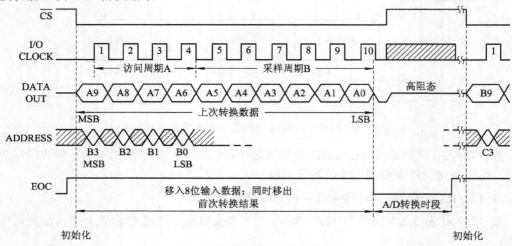

图 3.2.3　TLC1543 工作时序

I/O CLOCK 从 CPU 接收 10 个时钟长度的时钟序列。前 4 个时钟用于装载 4 位通道地址，后 6 个时钟用于对模拟输入的采样提供控制时序。模拟输入的采样起始于第 4 个 I/O CLOCK 下降沿，采样一直持续 6 个 I/O CLOCK 周期，并一直保持到第 10 个 I/O CLOCK 下降沿。转换过程中，$\overline{CS}$ 的下降沿使 DATA OUT 引脚脱离高阻态并启动一次 I/O CLOCK 工作过程。$\overline{CS}$ 上升沿终止这个过程并在规定的延迟时间内使 DATA OUT 引脚返回到高阻态，经过两个系统时钟周期后禁止 I/O CLOCK 和 ADDRESS 端。

5) SST89E516RD 单片机的 SPI 接口及相关 SFR

SST89E516RD 单片机具有标准的 SPI 接口。其中，P1.4 口的第二功能为 SS#(SPI 的主输入或者 SPI 的从输出)；P1.5 口的第二功能为 MOSI(SPI 的主输出线，从输入线)；P1.6 口的第二功能为 MISO(SPI 的主输入线，从输出线)；P1.7 口的第二功能为 SCK(SPI 的主时钟输出线，从时钟输入线)。

SST89E516RD 单片机配置有与 SPI 接口相关的特殊功能寄存器。

(1) SPI 控制寄存器 SPCR 如表 3.2.3 所示。

表 3.2.3　SPI 控制寄存器 SPCR

字节地址 D5H	D7	D6	D5	D4	D3	D2	D1	D0
复位值 0001 0000b	SPIE	SPE	DORD	MSTR	CPOL	CPHA	SPR1	SPR0

SPIE：SPIE 和 ES 设置为 1 时，SPI 中断使能。

SPE：SPI 接口使能位。SPE=0，禁止 SPI 接口；SPE=1，使能 SPI 接口功能。

DORD：数据传输命令。DORD=0，数据发送时 MSB 在先；DORD=1，数据发送时 LSB 在先。

MSTR：主/从选择。MSTR=0，从模式；MSTR=1，主模式。

CPOL：时钟极性。CPOL=0，空闲时 SCK 为低；CPOL=1，空闲时 SCK 为高。

CHPA：时钟相位控制位。CHPA=0，时钟前沿触发移位；CHPA=1，时钟后延触发移位。

SPR1，SPR0：SPI 时钟速率选择位。器件为主模式时由这两位来控制 SCK 速率。SPR1 和 SPR0 对从器件无效。SCK 和振荡频率 f_{osc} 的关系如表 3.2.4 所示。

表 3.2.4　SCK 和振荡频率 f_{osc} 的关系表

SPR1	SPR0	SCK
0	0	$f_{osc}/4$
0	1	$f_{osc}/16$
1	0	$f_{osc}/64$
1	1	$f_{osc}/128$

(2) SPI 状态寄存器 SPSR 如表 3.2.5 所示。

表 3.2.5　SPI 状态寄存器 SPSR

字节地址 AAH	D7	D6	D5	D4	D3	D2	D1	D0
复位值 00xx xxxxb	SPIF	WCOL	—	—	—	—	—	—

SPIF：SPI 中断标志。数据传输完成后变为 1；如果 SPIE = 1 且 ES = 1，将产生中断。该位由软件清零。

WCOL：写冲突标志。数据传输过程中，如果写 SPI 数据寄存器，WCOL 将被置位。该位由软件清零。

(3) SPI 数据寄存器 SPDR 如表 3.2.6 所示。

表 3.2.6　SPI 数据寄存器 SPDR

字节地址 86H	D7	D6	D5	D4	D3	D2	D1	D0
复位值 0000 0000b	SPDR[7..0]							

3. 分析与指导

1) 硬件电路设计

单片机 SST89E516RD 具有 SPI 接口，启用该接口，与 TLC1543 对接，如图 3.2.4 所示。数字电压表的显示使用学习板上的 8 位数码管。

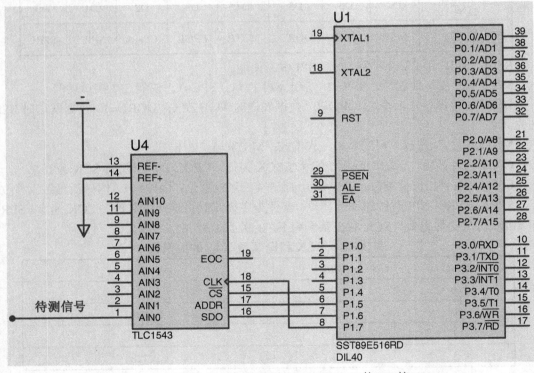

图 3.2.4　实训 2 参考电路(使用 SST89E516RD 的 SPI 接口)

注意：本图省略了振荡电路、复位电路、数码管显示电路等学习板上的电路，学习板电路参看附录 A。

2) 参考程序流程图

参考程序流程图如图 3.2.5 所示。

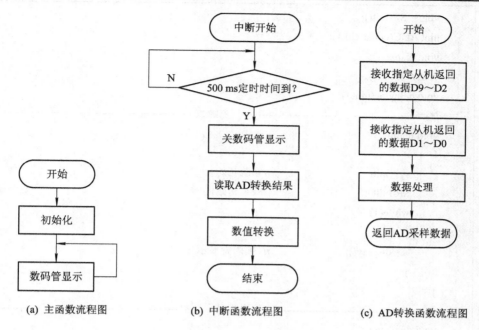

(a) 主函数流程图　　　　(b) 中断函数流程图　　　　(c) AD转换函数流程图

图 3.2.5　实训 2 参考程序流程图

3) 参考程序示例

实训 2 的参考程序如下：

```
1.          #include "SST89x5xxRD2.h"      // SST89E516RD 单片机的头文件, AT89C51 没有 SPI 接口
2.          #include <intrins.h>
3.          /*-----------------------------------------------------------------------------------------------*/
4.          #define uchar unsigned char
5.          #define uint unsigned int
6.          /*-----------------------------------------------------------------------------------------------*/
7.          uchar code Seg_tab[10] = {0x3f,0x06,0x5b,0x4f,0x66,0x6d,0x7d,0x07,0x7f,0x6f};
8.          uchar code Dig_tab[4]   = {0xF7,0xFB,0xFD,0xFE};
9.          uchar Seg_val[4]        = {0};
10.         uchar flag_50ms;
11.         /*-----------------------------------------------------------------------------------------------*/
12.         sbit Seg_ce    = P1^0;
13.         sbit Dig_ce    = P1^1;
14.         sbit nCS       = P1^4;          // 根据 4 线接口的连接, 确定 SPI 的连接方式
15.         sbit SPI_MOSI = P1^5;          // 主输出、从输入
16.         sbit SPI_MISO = P1^6;          // 主输入、从输出
17.         sbit SPI_SCK   = P1^7;          // 主/从模式下的时钟输出/输入
18.         /*-----------------------------------------------------------------------------------------------*/
19.         uchar SPI_MasterIO(uchar SPI_DATA);
```

```
20.        void   SPIInit();
21.        uint ADC(uchar chn1);
22.        void display();
23.        void sys_init();
24.        void delayms(uint t);
25.        /*------------------------------------------- 主函数-------------------------------------------*/
26.        void main()
27.        {
28.            sys_init();                    //系统初始化
29.            SPIInit();                     //SPI 初始化
30.            while(1)
31.            {
32.                display();                 // 数码管显示
33.            }
34.        }
35.        /*-----------------------------------数码管显示函数-------------------------------------*/
36.        void display()
37.        {
38.            unsigned char i;
39.            for(i=0;i<4;i++)
40.            {
41.                if(i==0)                   // 要显示小数点
42.                {
43.                    P0 = Seg_tab[Seg_val[0]]+0x80;   Seg_ce = 1;   Seg_ce = 0;
44.                }
45.                else
46.                {
47.                    P0 = Seg_tab[Seg_val[i]];        Seg_ce = 1;   Seg_ce = 0;
48.                }
49.                P0 = Dig_tab[i];                     Dig_ce = 1;   Dig_ce = 0;
50.                delayms(2);
51.            }
52.        }
53.        /*-------------------------------------中断服务程序-------------------------------------*/
54.        void timer1() interrupt 3
55.        {
56.            uint adcnum   = 0;             // A/D 转换结果
57.            uint advalue = 0;             // 被测电压值
58.            TH1=(65536-50000)/256;
59.            TL1=(65536-50000)%256;
```

```
60.            flag_50ms++;
61.            if(flag_50ms==10)          // 每 500ms A/D 转换一次
62.            {
63.                flag_50ms = 0;
64.                P0=0x00;   Seg_ce=1;   Seg_ce=0;          // 关数码管
65.                P0=0xFF;   Dig_ce=1;   Dig_ce=0;
66.                adcnum    = ADC(0);                 // 读取 A/D 转换结果，通道 0
67.                advalue = (uint)(adcnum*4.8828125+0.5); // 参考电压 5 V，5000/1024=4.8828125
68.                Seg_val[0] = advalue/1000;
69.                Seg_val[1] = advalue/100%10;
70.                Seg_val[2] = advalue/10%10;
71.                Seg_val[3] = advalue%10;
72.            }
73.        }
74.    /*-------------------------------------系统初始化函数-----------------------------------*/
75.    void sys_init()
76.    {
77.        P0        = 0;
78.        Seg_ce = 0;
79.        Dig_ce = 0;
80.        TMOD    = 0X10;
81.        TH1     = (65536-50000)/256;
82.        TL1     = (65536-50000)%256;
83.        ET1     = 1;
84.        EA      = 1;
85.        TR1     = 1;
86.    }
87.    /*-------------------------------------------------------------------------------------
88.    SST 主机 SPI 通信函数    void ADC(uchar chnum)
89.    参数：SPI_DATA      主机送出的一个字节数据
90.    返回值：Byte         由从机移入的数据
91.    功能描述：单字节发送和接收数据
92.    -------------------------------------------------------------------------------------*/
93.    uchar SPI_MasterIO(uchar SPI_DATA)
94.    {
95.        uchar temp = 0;
96.        uchar time;
97.        uchar byte = 0;
98.        uchar i;
99.        EA=0;
```

```
100.              nCS = 0;
101.              for(i=0;i<200;i++)
102.              {
103.                  _nop_();              //用延时代替判忙节省一个 I/O 口
104.              }
105.              time=0x01;
106.          for(i=0;i<9;i++)
107.                  time=time<<1;
108.              SPI_SCK &= ~temp;
109.              SPDR    = SPI_DATA;         // 主机送出一个字节数据
110.              SPI_MOSI = SPDR;
111.              do
112.              {
113.                      temp = SPSR & 0x80;      // 判断发送一个字节完毕
114.              }
115.              while(temp != 0x80);
116.              SPDR = SPI_MISO;
117.              byte = SPDR;                 // 保存移位寄存器数据
118.              SPSR = 0x00;                 // SPIF 标志位清 0
119.              nCS = 1;
120.              EA=1;
121.              return byte;                 // 返回由从机移入的数据
122.          }
123.      /*---------------------------------------SPI 初始化函数---------------------------------------*/
124.      void    SPIInit()
125.      {
126.          SPI_MOSI = 0; // 主输出、从输入
127.          SPI_MISO = 0; // 主输入、从输出
128.          SPI_SCK   = 0; // 主/从模式下的时钟输出/输入
129.          SPCR = 0x5D;   // 01010001 禁止 SPI 中断，SPI 允许，MSB，主机模式，极性方式
     0，1/16 系统时钟速率
130.          SPSR = 0x00;   // 00000000 SPIF 中断标志位，WCOL 写冲突标志位清零
131.          SPDR = 0x00;   // 00000000 SPI 数据寄存器清零
132.      }
133.      /*-------------------------------------------------------------------------------------------
134.      AD 采样函数    void ADC(uchar chnum)
135.      参数：chnum    模拟输入通道号
136.      返回值：ADresult
137.      功能描述：启动 AD 采样，并将 AD 采样的电压值送出
138.      ------------------------------------------------------------------------------------------*/
```

```
139.          uint ADC(uchar chnum)
140.          {
141.              uchar high,low;
142.              uchar addr8;                      // 通道地址
143.              uint ADresult;                    // 转换码
144.              _nop_();_nop_();_nop_();_nop_();
145.              addr8=chnum;
146.              addr8=addr8<<4;
147.              high=SPI_MasterIO(addr8);          // 从机返回数据 D9～D2
148.              low=SPI_MasterIO(addr8);           // 从机返回数据 D1～D0
149.              ADresult=high;
150.              ADresult<<=2;
151.              ADresultl=(low>>6);
152.              return(ADresult);
153.          }
154.          /*-------------------------------------------延时函数----------------------------------------------*/
155.          void delayms(uint t)
156.          {
157.              uint i,j;
158.              for(i=0;i<t;i++)
159.                      for(j=0;j<121;j++);
160.          }
```

实训 3　数字秒表的设计与制作

1. 实训任务

设计制作一个秒表,要求计量范围为 00 秒 00 分秒～59 秒 99 分秒,设置有启动/暂停键、清零键、保存键和显示保存数据键,能够存储 2 组计时数据,可翻看所存的数据,掉电后数据不会丢失。

提示:按设计要求,该系统可外加一个 EEPROM(例如 AT24C02)来存储保存的数据。当然更优的方法是选用具有片内 EEPROM 的单片机,如 AT89LS8252,这样可避免使用外围模块,提高系统可靠性。

2. 主要背景知识

AT24C02 是美国 ATMEL 公司的串行 EEPROM 芯片。其主要特性包括:工作电压为 1.8 V～5.5 V;输入/输出引脚兼容 5 V;容量为 256×8 位;采用 I^2C 总线接口;可擦写次数大于 100000 次,数据保存周期为 100 年。关于 AT24C02 的更多信息请查看其数据手册,以下仅对其中部分内容进行说明。

1) I²C 总线简介

I²C 总线(Inter Integrate Circuit BUS)全称为芯片间总线，最初由 Philips 公司在 1992 年推出，因其规范的完整性、结构的独立性和使用的简单性而被广大用户青睐，并被列入世界性的工业标准。

它以两根连线实现全双工同步数据传送，可以非常方便地扩展外围器件。I²C 总线采用两线制(不包括地线)，由数据线 SDA 和时钟线 SCL 构成。I²C 总线为同步传输总线，数据线上的信号完全与时钟同步。总线和器件间的数据传送均由 SDA 数据线完成，每一个器件都有一个唯一的地址以区别于总线上的其它器件。一个 I²C 总线系统里的所有外围器件均采用器件地址和引脚地址的编址方式。系统中主器件对从节点的寻址没有采用传统的片选方式，而是采用纯软件的寻址方式。为了能够使总线上的所有节点器件输出实现"线与"功能，I²C 器件输出端必须是漏极或集电极开路结构，即 SDA 和 SCL 必须接上拉电阻。

关于 I²C 总线的完整技术规范可参见 Philips 公司网站。

2) AT24C02 引脚排列及引脚说明

AT24C02 有多种封装类型，其引脚排列及引脚功能如图 3.3.1 所示。

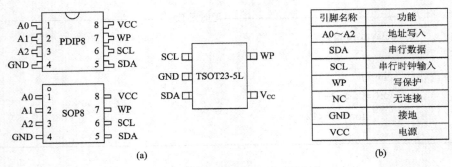

图 3.3.1　引脚排列及引脚功能图

3) AT24C02 的信号时序

AT24C02 作为从节点，当主器件以主发送方式对其进行操作时，即实现了 AT24C02 输出；当主器件以主接收方式对 AT24C02 进行操作时，即实现 AT24C02 的输入，而不需要专门的写信号控制线。其信号时序如图 3.3.2 所示。

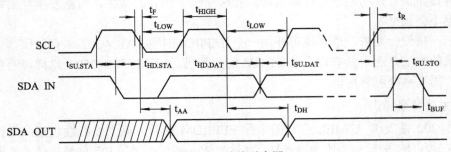

图 3.3.2　总线时序图

时钟及数据传输：SDA 引脚通常被外围器件拉高。SDA 引脚的数据应在 SCL 为低时变化；当数据在 SCL 为高时变化，将视为一个起始或停止命令，如图 3.3.3 所示。

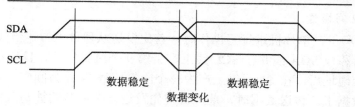

图 3.3.3　数据有效性规定

起始命令：当 SCL 为高时，SDA 由高到低的变化被视为起始命令，必须以起始命令作为任何一次读/写操作命令的开始，如图 3.3.4 所示。

停止命令：当 SCL 为高时，SDA 由低到高的变化被视为停止命令，如图 3.3.4 所示。

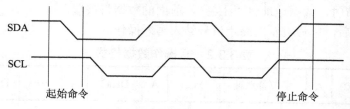

图 3.3.4　起始与停止命令定义

器件寻址：主器件通过发送一个起始信号启动发送过程，然后发送它所要寻址的从器件的地址，如表 3.3.1 所示。在主器件发送起始信号和从器件地址字节后，AT24C02 监视总线并当其地址与发送的从地址相符时,响应一个应答信号，AT24C02 根据读写控制位的状态进行读或写操作。

应答：所有的地址和数据字节都是以 8 位为一组串行输入和输出的。每收到一组 8 位的数据后，AT24C02 都会在第 9 个时钟周期时返回应答信号。每当主器件接收到一组 8 位的数据后，应当在第 9 个时钟周期向 AT24C02 返回一个应答信号。收到该应答信号后，AT24C02 会继续输出下一组 8 位的数据。若此时没有得到主器件的应答信号，AT24C02 会停止读出数据，直到主器件返回一个停止命令来结束读周期。

表 3.3.1　AT24C02 器件地址

1	0	1	0	A2	A1	A0	R/$\overline{\text{W}}$
固定为 1010				器件的地址位			读写控制位： =1 对从器件进行读操作 =0 对从器件进行写操作

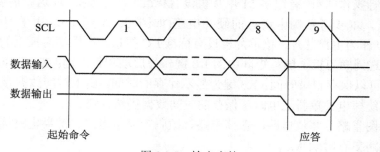

图 3.3.5　输出应答

4) AT24C02 写操作

如表 3.3.2 所示，单片机进行写操作时，首先发送从器件的 7 位地址码和写方向位 "0"，发送完后释放 SDA 线并在 SCL 线上产生第 9 个时钟信号，目标从器件 AT24C02 在确认是自己的地址后，在 SDA 线上产生一个应答信号 A 作为回应，单片机收到应答后就可以传送数据了。传送数据时，单片机首先发送一个字节的被写入器件的存储区的首地址，收到从器件的应答后，单片机就逐个发送各数据字节，每发送一个字节后都要等待应答。

AT24C02 在接收到每一个数据字节地址后，片内地址自动加 1，在芯片的 "一次装载字节数" 限度内(16 个字节)，只需输入首地址就可以连续装载多个字节的数据。装载字节数超过 16 个字节时，数据地址将 "上卷"，前面的数据将被覆盖。

数据传送完后，单片机发出终止信号结束写入操作。

表 3.3.2　写操作数据格式

Start	1010 XXX0	A	字节首地址	Data1	A	Data2	A	……	Data n	A	Stop

5) AT24C02 读操作

如表 3.3.3 所示，单片机先发送目标器件的 7 位地址码和写方向位 "0"，发送完后释放 SDA 线并在 SCL 线上产生第 9 个时钟信号。目标存储器器件在确认是自己的地址后，在 SDA 线上产生一个应答信号 A 作为回应。然后，再发一个字节的要读出器件的存储区的首地址，收到应答后，单片机再重复一次起始信号并发出器件地址和读方向位 ("1")，收到器件应答后就可以读出数据字节，每读出一个字节，单片机都要回复应答信号 A。当最后一个字节数据读完后，单片机应返回以 $\overline{A}$ (非应答)，并发出终止信号结束读操作。

表 3.3.3　读操作数据格式

Start	1010 XXX0	A	字节首地址	A	Start	1010 XXX1	Data1	A	……	Data n	$\overline{A}$	Stop

3. 分析及指导

1) 硬件电路设计参考

有些单片机具有标准 I^2C 总线接口，对标准 I^2C 总线的操作就较为简单，只需对 I^2C 接口的寄存器进行操作即可。有很多 51 单片机没有标准 I^2C 总线接口，这就需要通过普通 I/O 口线进行模拟。本参考示例中设计的硬件电路(如图 3.3.6 所示)选用学习板上的单片机 SST89E516RD 作为主控芯片，该单片机设有标准 I^2C 接口。选用学习板上的 8 位数码管作为显示模块。选用学习板上键盘矩阵中的 K0 键作为启动和暂停键；K1 键为清零键；K2 键为保存键，可以保存记录时间；K3 键为显示保存的时间。由于时间数据存放在 AT24C02 中，因此当系统掉电又重新上电时，保存的时间数据仍然存在。

注意：本图省略了复位电路、振荡电路、数码管显示电路、键盘电路等学习板上的电路，学习板电路参看附录 A。

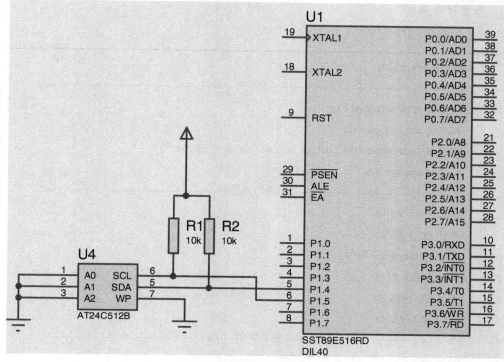

图 3.3.6 实训 3 硬件参考电路

2) 参考程序流程图

参考程序流程图如图 3.3.7 所示。

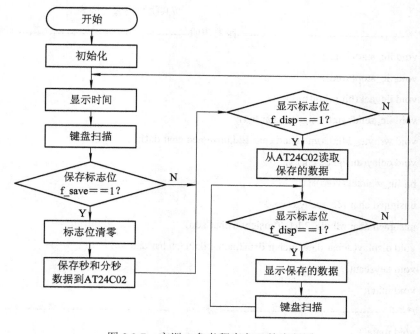

图 3.3.7 实训 3 参考程序主函数流程图

3) 参考程序示例

实训 3 的参考程序如下：

1.	#include<reg52.h>
2.	/*---宏定义-------------------------------------*/
3.	#define uchar unsigned char
4.	#define uint unsigned int
5.	#define somenop{delays();delays();delays();delays();delays();}
6.	#define notdisp 0xee // 不显示
7.	/*---端口声明-----------------------------------*/
8.	sbit seg = P1^0;
9.	sbit dig = P1^1;
10.	sbit nkeyboard = P1^3;
11.	sbit nled = P1^2;
12.	sbit SDA=P1^4;
13.	sbit SCL=P1^5;
14.	/*---变量声明-----------------------------------*/
15.	bit write = 0; //写 AT24C02 的标志
16.	uchar f_250us,sec,fensec;
17.	uchar f_save,f_disp,f_clear; // 数据保存、显示、清除标志位
18.	uchar code table[] = {0x3f,0x06,0x5b,0x4f,0x66,0x6d,0x7d,0x07,0x7f,0x6f}; //共阴数码管段码表
19.	/*---函数声明-----------------------------------*/
20.	void iic_start(void);
21.	void iic_stop(void);
22.	void iic_ack(bit ackbit);
23.	void iic_sendbyte(unsigned char byt);
24.	void wrbyte_24c02(unsigned char add,unsigned char dat);
25.	void delay(unsigned char t);
26.	bit iic_waitack(void);
27.	unsigned char i2c_recbyte(void);
28.	unsigned char rdbyte_24c02(unsigned char add);
29.	void display(uchar data1,uchar data2,uchar data3,uchar data4);
30.	void keyscan();
31.	void init();
32.	/*---主函数------------------------------------*/
33.	void main()

```
34.        {
35.          uint time1_sec,time1_fensec,time2_sec,time2_fensec;
36.          uchar addr=0;
37.          init();
38.          while(1)
39.          {
40.            display(sec,fensec,notdisp,notdisp);     // 显示秒和分秒
41.      keyscan();                                     // 键盘扫描
42.      if(f_save)                                     // 保存数据
43.        {
44.            f_save = 0;
45.            wrbyte_24c02(addr,sec);        // 保存秒数据到 AT24C02
46.            delay(5);
47.            addr++;
48.            wrbyte_24c02(addr,fensec);     //保存分秒数据到 AT24C02
49.            delay(5);
50.            addr++;
51.            if(addr>=4)    addr=0;
52.        }
53.      if(f_disp)                           // 显示所存数据
54.        {
55.          time1_sec    = rdbyte_24c02(0);     // 从 AT24C02 读取数据
56.          time1_fensec  = rdbyte_24c02(1);
57.          time2_sec    = rdbyte_24c02(2);
58.          time2_fensec = rdbyte_24c02(3);
59.          while(f_disp)
60.          {
61.            display(time1_sec,time1_fensec,time2_sec,time2_fensec); // 显示保存的两组数据
62.            keyscan();                     // 键盘扫描
63.          }
64.        }
65.      }
66.    }
67.    /*-----------------------------微秒级延时-----------------------------------*/
68.    void delays()
69.    { ;; }
70.    /*----------------------------------------------------------------
```

```
71.      启动总线函数   void iic_start();
72.      功能描述：启动 I²C 总线，即发送 I²C 起始条件
73.      ------------------------------------------------------------------------------*/
74.      void iic_start(void)
75.      {
76.         SDA = 1;    // 发送起始条件的数据信号
77.         delays();
78.         SCL = 1;
79.         somenop;    // 延时，起始条件建立时间大于 4.7 μs
80.         SDA = 0;    // 发送起始信号
81.         somenop;    // 起始条件锁定时间大于 4 μs
82.         SCL = 0;    // 钳住 I²C 总线，准备发送或接收数据
83.      }
84.      /*------------------------------------------------------------------------------
85.      结束总线函数   void iic_stop();
86.      功能描述：结束 I²C 总线，即发送 I²C 结束条件
87.      ------------------------------------------------------------------------------*/
88.      void iic_stop(void)
89.      {
90.         SDA = 0;       // 发送结束条件的数据信号
91.         delays();
92.         SCL = 1;       // 发送结束条件的时钟信号
93.         somenop;       // 延时，结束条件建立时间大于 4 μs
94.         SDA = 1;       // 发送 I²C 总线结束信号
95.      }
96.      /*------------------------------------------------------------------------------
97.      应答函数   void iic_ack(bit ackbit)
98.      功能描述：主控器件进行应答信号(可以是应答或非应答信号，由位参数 ackbit 决定)
99.      ------------------------------------------------------------------------------*/
100.     void iic_ack(bit ackbit)
101.     {
102.        if(ackbit)    SDA = 0;      // 发出应答或非应答信号
103.        else          SDA = 1;
104.        somenop;
105.        SCL = 1;
106.        somenop;
107.        SCL = 0;                    // 清时钟线，钳住 I²C 总线以便继续接收
```

```
108.        SDA = 1;
109.        somenop;
110.      }
111.    /*--------------------------------------------------------------------------------------------
112.    等待应答函数　bit iic_waitack(void)
113.    功能描述：　判断是否接收到应答信号，发送数据正常，返回 1；从器件无应答，返回 0
114.      --------------------------------------------------------------------------------------*/
115.    bit iic_waitack(void)
116.    {
117.      SDA = 1;        // 释放数据线，准备接收应答位
118.      somenop;
119.      SCL = 1;
120.      somenop;
121.      if(SDA)        // 判断是否接收到应答信号
122.      {
123.       SCL = 0;
124.       iic_stop();
125.       return 0;
126.      }
127.      else
128.      {
129.       SCL = 0;
130.       return 1;
131.      }
132.    }
133.    /*--------------------------------------------------------------------------------------------
134.    字节数据发送函数　void iic_sendbyte(unsigned char byt)
135.    功能描述：将数据 byt 发送出去，可以是地址或数据
136.      --------------------------------------------------------------------------------------*/
137.    void iic_sendbyte(unsigned char byt)
138.    {
139.      unsigned char i;
140.      for(i=0;i<8;i++)
141.      {
142.       if(byt&0x80)    SDA = 1;    // 判断发送位
143.       else            SDA = 0;
144.       somenop;
```

145.	SCL = 1;　　// 置时钟线为高，通知从机开始接收数据位
146.	byt <<= 1;　　// 左移 1 位
147.	somenop;　　// 保证时钟高电平周期大于 4 μs
148.	SCL = 0;
149.	}
150.	}
151.	/*---
152.	字节数据接收函数　unsigned char iic_recbyte(void)
153.	功能描述：　接收从器件传来的数据
154.	---*/
155.	unsigned char iic_recbyte(void)
156.	{
157.	unsigned char da;
158.	unsigned char i;
159.	for(i=0;i<8;i++)
160.	{
161.	SCL = 1;　　　　// 置时钟线为高，使数据线上的数据有效
162.	somenop;
163.	da <<= 1;
164.	if(SDA)　　da |= 0x01;　　// 读数据位，接收的数据位放在 da 中
165.	SCL = 0;
166.	somenop;
167.	}
168.	return da;
169.	}
170.	/*---
171.	向 AT24C02 发送多字节数据函数　　void wrbyte_24c02(unsigned char add,unsigned char dat)
172.	功能描述：从启动总线到发送器件地址、子地址、数据、结束总线的全过程；入口参数 add 为 AT24C02 子地址；dat 为发送的内容。AT24C02 的器件地址为 1010；引脚地址为 A2A1A0
173.	---*/
174.	void wrbyte_24c02(unsigned char add,unsigned char dat)
175.	{
176.	
177.	iic_start();　　　　// 启动总线
178.	iic_sendbyte(0xa0);　　// 发送器件地址

```
179.        iic_waitack();          // 等待应答
180.        iic_sendbyte(add);      // 发送器件子地址
181.        iic_waitack();          // 等待应答
182.        iic_sendbyte(dat);      // 发送数据
183.        iic_waitack();          // 等待应答
184.        iic_stop();             // 结束总线
185.        delay(10);
186.    }
187.    /*-------------------------------------------------------------------------------
188.    向 AT24C02 读取多字节数据函数      unsigned char rdbyte_24c02(unsigned char add)
189.    功能描述：从启动总线到发送器件地址、子地址、读取数据、结束总线的全过程；入口
        参数 add 为 AT24C02 子地址。AT24C02 的器件地址为 1010；引脚地址为 A2A1A0
190.    注意：使用前必须已结束总线
191.    -----------------------------------------------------------------------------*/
192.    unsigned char rdbyte_24c02(unsigned char add)
193.    {
194.
195.        unsigned char da;
196.        iic_start();            // 启动总线
197.        iic_sendbyte(0xa0);     // 发送器件地址
198.        iic_waitack();          // 等待应答
199.        iic_sendbyte(add);      // 发送器件子地址
200.        iic_waitack();          // 等待应答
201.        iic_start();            // 重新启动总线
202.        iic_sendbyte(0xa1);     // 发送器件地址
203.        iic_waitack();          // 等待应答
204.        da = iic_recbyte();     // 读取数据
205.        iic_ack(0);             // 发送应答位
206.        iic_stop();             // 结束总线
207.        return da;
208.    }
209.    /*------------------------------毫秒级延时函数------------------------------*/
210.    void delay(unsigned char t)
211.    {
212.        unsigned int i;
213.        while(t--)
214.        {
```

```
215.          for(i=0;i<112;i++);
216.      }
217.    }
218.    /*---------------------------------初始化函数---------------------------------*/
219.    void init()
220.    {
221.       SDA=1;
222.       SCL=1;
223.       TMOD = 0x02;          // T0、工作方式 2
224.       EA = 1;
225.       ET0 = 1;
226.       TH0 = 6;              // 250 μs 中断一次
227.       TL0 = 6;
228.       TR0 = 0;
229.    }
230.    /*---------------------------------数码管显示函数---------------------------------*/
231.    void display(uchar data1,uchar data2,uchar data3,uchar data4)
232.    {
233.       P0 = table[data1/10];   seg = 1;    seg = 0;
234.       P0 = 0x7f;              dig = 1;    dig = 0;    delay(2);
235.       P0 = table[data1%10];   seg = 1;    seg = 0;
236.       P0 = 0xbf;              dig = 1;    dig = 0;    delay(2);
237.       P0 = table[data2/10];   seg = 1;    seg = 0;
238.       P0 = 0xdf;              dig = 1;    dig = 0;    delay(2);
239.       P0 = table[data2%10];   seg = 1;    seg = 0;
240.       P0 = 0xef;              dig = 1;    dig = 0;    delay(2);
241.        if(data3 != notdisp)
242.        {
243.          P0 = table[data3/10];      seg = 1;    seg = 0;
244.          P0 = 0xf7;                 dig = 1;    dig = 0;    delay(2);
245.          P0 = table[data3%10];      seg = 1;    seg = 0;
246.          P0 = 0xfb;                 dig = 1;    dig = 0;    delay(2);
247.        }
248.        else
249.        {
250.          P0 = 0;          seg = 1;    seg = 0;
251.          P0 = 0xff;       dig = 1;    dig = 0;    delay(2);
```

```
252.        }
253.        if(data4 != notdisp)
254.        {
255.          P0 = table[data4/10];        seg = 1;    seg = 0;
256.          P0 = 0xfd;                   dig = 1;    dig = 0;    delay(2);
257.          P0 = table[data4%10];        seg = 1;    seg = 0;
258.          P0 = 0xfe;                   dig = 1;    dig = 0;    delay(2);
259.        }
260.        else
261.        {
262.          P0 = 0;           seg = 1;    seg = 0;
263.          P0 = 0xff;        dig = 1;    dig = 0;    delay(2);
264.        }
265.    }
266.    /*-------------------------------------中断函数-------------------------------------*/
267.    void t0() interrupt 1
268.    {
269.        f_250us++;                // 每过 250μs f_250 μs 加 1
270.        if(f_250us == 40)
271.        {
272.            f_250us = 0;
273.            fensec ++;
274.            if(fensec == 100)
275.            {
276.                fensec = 0;
277.                sec++;
278.                if(sec == 60)        sec = 0;
279.            }
280.        }
281.    }
282.    /*-------------------------------------键盘扫描函数-------------------------------------*/
283.    void keyscan()
284.    {
285.      uchar temp1,temp2;
286.        P0 = 0x00; seg = 1;    seg = 0;
287.        P0 = 0xfe; dig = 1;    dig = 0;
288.        nkeyboard = 0;
```

```
289.          P0 = 0xff;
290.          temp1 = P0;
291.          temp1 = temp1&0x0f;
292.          if(temp1 != 0x0f)
293.          {
294.              delay(10);
295.              temp2 = P0;
296.              temp2 = temp2&0x0f;
297.              switch(temp2)
298.              {
299.                case 0x0e: TR0=~TR0;    f_disp = 0;   break;        // 启动&暂停   K0 键
300.                case 0x0d: sec = 0;      fensec = 0;   f_disp = 0; break;  // 清零        K1 键
301.                case 0x0b: f_save = 1; break;                        // 保存数据    K2 键
302.                case 0x07: f_disp = 1; TR0 = 0;         break;       // 显示保存的数据 K3 键
303.                default : break;
304.              }
305.              while(temp2 != 0x0f)
306.              {
307.                  temp2   = P0 ;
308.                  temp2   = temp2&0x0f ;
309.              }
310.          }
311.          nkeyboard = 1;
312.      }
```

实训 4 红外解码器的设计与制作

1. 实训任务

利用红外接收头 VS1838B 设计制作一个红外解码器，可显示红外遥控器的用户码以及键码。

2. 主要背景知识

1) VS1838B 简介

VS1838B 红外接收头采用 1-wire 总线，设计小巧，适合宽角度及长距离接收，抗干扰能力强，低电压工作，适用于视听器材、家庭电器以及其他红外线遥控产品。VS1838B 红外接收头的引脚排列和引脚功能如图 3.4.1 所示。

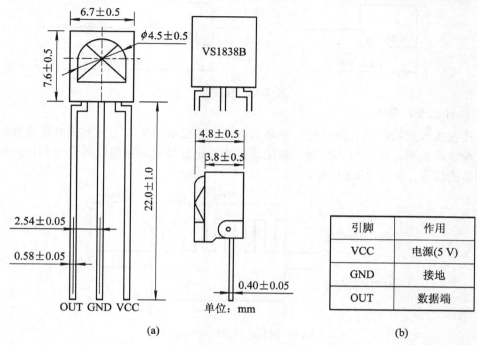

图 3.4.1　VS1838B 红外接收头引脚排列和引脚功能

2) 红外遥控器发出的红外信号

遥控器发出的红外信号是经过编码和调制的。本实训示例所用红外遥控器采用
UPD6122 编码，脉冲位置调制方式(PPM)。UPD6122 编码方式发射的一帧数据包括一个引
导码，8 位用户码，8 位用户反码，8 位键数据码和 8 位键数据反码，如图 3.4.2 所示。

引导码	用户码(8位)	用户反码(8位)	键数据码(8位)	键数据反码(8位)

图 3.4.2　一帧数据结构

引导码由一个 9 ms 的载波波形和 4.5 ms 的关断时间构成，如图 3.4.3 所示。用户码和
键数据码的发送均是低位在前，高位在后。

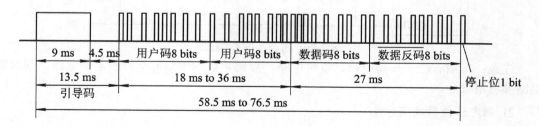

图 3.4.3　代码所占时间

采用 PPM 调制，"1"和"0"的区分取决于脉冲之间的时间间隔，如图 3.4.4 所示。"1"
由 1.68 ms 的无载波间隔和 0.56 ms 的 38 kHz 载波组成，"0"由 0.56 ms 的无载波间隔和
0.56 ms 的 38 kHz 载波组成。

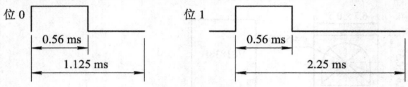

图 3.4.4　位定义

3) 红外信号的解调

当接收头收到调制的红外光时，便将其解调，输出低电平，而当其没有接收到红外光时，便输出高电平。以引导码为例，对比遥控器发出的经过调制的红外信号和经红外接收头解调后的信号，如图 3.4.5 所示。

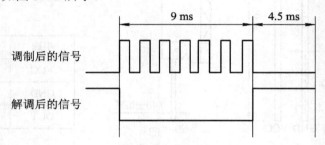

图 3.4.5　调制、解调后的信号对比

3. 分析与指导

1) 硬件电路设计参考

基于 VS1838B 红外接收头的接收电路可参考 VS1838B 数据手册。如图 3.4.6 所示，VS1838B 的 OUT 端对接单片机外部中断引脚(INT0)。数码管显示部分采用学习板现有电路。

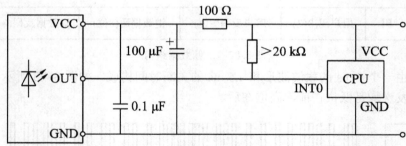

图 3.4.6　实训 5 参考电路图

注意：本图省略了振荡电路、复位电路、数码管显示电路等学习板上的电路，学习板电路参看附录 A。

2) 确定遥控器编码方案

用示波器观测红外接收头接收到的红外信号，确定遥控器的编码方案，为编写解码程序做准备。为了能完整地显示一帧数据，示波器选择单次触发方式，调节触发电平在 1 V 左右。

图 3.4.7 所示为使用 RIGOL 公司 DS1102E 数字示波器显示的遥控器电源开关键波形，解读波形可知道，用户码为 0000 0000b，键数据为 0100 0101b。

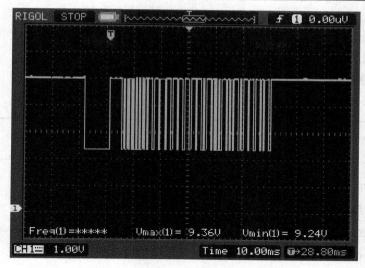

图 3.4.7　示波器显示一帧数据(开关键)

3) 参考程序流程图

主函数流程图如图 3.4.8(a)所示，显示接收、解码正确的用户数据和键数据。

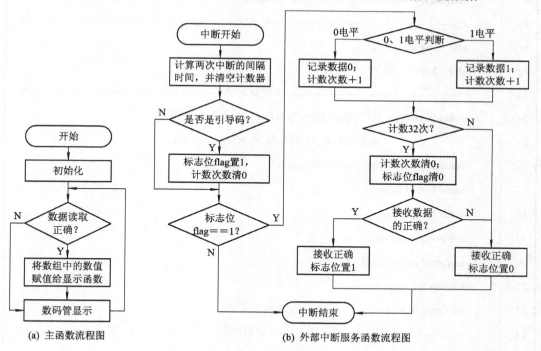

(a) 主函数流程图　　　　　　　　　(b) 外部中断服务函数流程图

图 3.4.8　实训 4 参考程序流程图

解码部分在外部中断 0 服务函数中完成(硬件设计 VS1838B 的 OUT 引脚连接在 INT0 上)，选择下降沿触发，那么一旦接收到红外信号，就会进入外部中断。如图 3.4.8(b)所示，用定时器计算两次下降沿的间隔时间，判定是否是引导码或者脉冲周期。如果是引导码，那么接着接收用户码、用户反码、键数据码、键数据反码，共计 32 位数据，同时要进行"0"、

"1"电平判定。由于"0"、"1"电平的周期不一样(如背景知识中所述)，因此可以通过脉冲周期长短来判定电平。对比用户码和用户反码、键数据码和键数据反码，确定收到的数据是否正确，如果正确，则设置有效标志位。

4) 参考程序示例

实训 4 的参考程序如下：

1.	`#include <reg52.h>`
2.	`/*-----------------------宏定义-----------------------*/`
3.	`#define uchar unsigned char`
4.	`#define uint unsigned int`
5.	`#define Imax 14000`　　　　`//学习板晶振为 12 MHz, 略大于 9 ms+4.5 ms=13.5 ms`
6.	`#define Imin 9000`　　　　`// 9 ms`
7.	`#define Inum1 1300`　　　　`// 略大于 1.25 ms`
8.	`#define Inum2 560`　　　　`// 0.56 ms`
9.	`#define Inum3 2300`　　　　`// 略大于 2.25 ms`
10.	`/*-----------------------位定义-----------------------*/`
11.	`sbit　Digce = P1^1;`
12.	`sbit　Segce = P1^0;`
13.	`/*-----------------------变量定义-----------------------*/`
14.	`uchar Segtab[] = {0x3f,0x06,0x5b,0x4f,0x66,0x6d,0x7d,0x07,`
15.	`              0x7f,0x6f,0x77,0x7c,0x39,0x5e,0x79,0x71};`
16.	`uchar Digtab[]={0xfb,0xf7,0xfe,0xfd};`
17.	`uchar Data[6]={0};`
18.	`uchar disp[4]={0};`
19.	`unsigned long m=0;`
20.	`unsigned int width=0;`
21.	`bit flag=0;`
22.	`bit SendOK = 0;`　　　　`// 接收成功标志位`
23.	`/*-----------------------函数声明-----------------------*/`
24.	`void delay(uchar xms);`　　`// 延时函数`
25.	`void display();`　　　　`// 显示函数`
26.	`/*-----------------------主函数-----------------------*/`
27.	`void main()`
28.	`{`

```
29.        IT1   = 1;              // 下降沿触发
30.        EX1   = 1;              // 开外部中断 1 允许
31.        TMOD = 0x01;            // 定时器 0，方式 1
32.        TH0   = 0;
33.        TL0   = 0;
34.        EA    = 1;
35.        TR0   = 0;
36.        while(1)
37.        {
38.            if(SendOK==1)              // 接收、解调正常
39.            {
40.                disp[0]=Data[0] & 0x0F;      // 取用户码的低 4 位
41.                disp[1]=Data[0] >> 4;
42.                disp[2]=Data[2] & 0x0F;      // 取键数据码的低 4 位
43.                disp[3]=Data[2] >> 4;
44.                SendOK=0;
45.            }
46.        display();                        // 数码管显示
47.        }
48.    }
49.    /*--------------------------------------中断服务函数----------------------------------------*/
50.    void intersvr1(void) interrupt 2
51.    {
52.        TR0 = 1;                      // 启动定时器 0
53.        width = TH0*256 + TL0;        // 中断时间间隔时长
54.        TH0 = 0;                      // 初值清零
55.        TL0 = 0;                      // 初值清零
56.        if((width>Imin)&&(width<Imax))     // 判断是否是引导码
57.        {
58.            m=0;                      // 记录的数据位数
59.            flag=1;                   // 获得引导码标志位
60.        }
```

```
61.              if(flag)          // 是一帧数据，注意先接收到低位数据，后接收到高位数据
62.           {
63.               if(width>Inum1&&width<Inum3)         // "1" 电平判定
64.               {
65.                   Data[m/8]=Data[m/8]>>1|0x80; m++;
66.               }
67.                else if(width>Inum2&&width<Inum1)   // "0" 电平判定
68.               {
69.                Data[m/8]=Data[m/8]>>1; m++;
70.               }
71.               if(m==32)                // 1 帧数据 32 位已读完
72.               {
73.                 m=0;
74.                 flag=0;                // 标志位清零
75.                 if((Data[2]==~Data[3])&&(Data[0]==~Data[1]))  // 判断解码、读码是否正确
76.                 {
77.                     SendOK=1;          // 解码、读码正确标志位置 1
78.                 }
79.                 else SendOK=0;
80.             }
81.           }
82.       }
83.  /*-----------------------------------延时函数-----------------------------------*/
84.  void delay(uchar xms)
85.  {
86.      uchar i;
87.      for(xms;xms > 0;xms--)
88.          for(i = 123;i > 0;i--);
89.  }
90.  /*-----------------------------------数码管显示函数-----------------------------------*/
91.  void display()
92.  {
```

93.	uchar i;
94.	for(i = 0;i < 4;i++)
95.	{
96.	P0 = Segtab[disp[i]]; Segce = 1; Segce = 0;
97.	P0 = Digtab[i]; Digce = 1; Digce = 0;
98.	delay(5);
99.	}
100.	}

实训 5　无线环境监控系统的设计与制作

1. 实训任务

基于 nRF24L01 无线通信模块设计制作一无线环境监控系统，可实现单节点或多节点数据采集并通过无线方式传送数据。

2. 主要背景知识

1) nRF24L01 简介

nRF24L01 是由 NORDIC 公司出品的工作在 2.4 GHz～2.5 GHz 的 ISM 频段的单片无线收发器芯片，通过 SPI 总线系统，几乎可以连接到各种单片机芯片，并完成无线数据传送工作。关于 nRF24L01 的更多信息请查看其数据手册，以下仅对其中部分内容做简要说明。

nRF24L01 的引脚排列及引脚功能如图 3.5.1 所示。

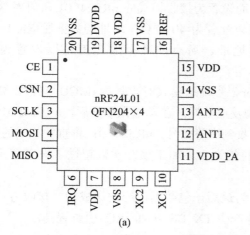

引脚	引脚功能
VSS	接地
VDD	3.3 V电源
MOSI	从SPI数据输入脚
MISO	从SPI数据输出脚
CE	RX或TX模式选择
SCLK	SPI时钟信号
CSN	SPI片选信号
IRQ	可屏蔽中断脚

(a)　　　　　　　　　　　　　　　(b)

图 3.5.1　nRF24L01 引脚排列及引脚功能

2) nRF24L01 工作模式

如表 3.5.1 所示，nRF24L01 可以设置为六种主要工作模式，工作模式由 PWR_UP 寄存器、PRIM_RX 寄存器和 CE 引脚决定。

表 3.5.1　工 作 模 式

工作模式	PWR_UP	PRIM_RX	CE	FIFO 状态
接收模式	1	1	1	—
发送模式	1	0	1	数据在 TX FIFO 寄存器中
发送模式	1	0	1→0	一直处于发送模式直到数据发送完毕
待机模式 II	1	1	1	TX FIFO 为空
待机模式 I	1	—	0	无数据传送
掉电模式	0	—	—	—

3) nRF24L01 数据包处理方式

nRF24L01 有两种数据包处理方式：ShockBurst^{TM} 和增强型 ShockBurst^{TM} 模式。

ShockBurst^{TM} 模式下 nRF24L01 可以与成本较低的低速 MCU 相连。高速信号由芯片内部的射频协议处理，nRF24L01 提供 SPI 接口，数据率取决于单片机本身的接口速度。ShockBurst^{TM} 模式允许 nRF24L01 与单片机低速通信而无线部分高速通信，减小了通信的平均消耗电流。

增强型 ShockBurst^{TM} 模式可以使得双向链接协议执行起来更为容易和有效。典型的双向链接为：发送方要求终端设备在接收到数据后有应答信号，以便于发送方检测有无数据丢失，一旦数据丢失，就通过重新发送功能将丢失的数据恢复。增强型的 ShockBurst^{TM} 接收模式可以同时控制应答和重发功能而无需增加 MCU 工作量。

nRF24L01 在接收模式下可以接收 6 路不同通道的数据，每一个数据通道使用不同的地址但共用相同的频道。也就是说，6 个不同的 nRF24L01 设置为发送模式后可以与同一个设置为接收模式的 nRF24L01 进行通信，而设置为接收模式的 nRF24L01 可以对这 6 个发射端进行识别。数据通道 0 是唯一一个可以配置为 40 位自身地址的数据通道，1～5 数据通道都为 8 位自身地址和 32 位公用地址。所有的数据通道都可以设置为增强型 ShockBurst^{TM} 模式。

nRF24L01 配置为增强型的 ShockBurst^{TM} 发送模式时，只要 MCU 有数据要发送，nRF24L01 就会启动 ShockBurst^{TM} 模式来发送数据。在发送完数据后，nRF24L01 转到接收模式并等待终端的应答信号。如果没有收到应答信号，nRF24L01 将重发相同的数据包，直到收到应答信号或重发次数超过设定的值为止。如果重发次数超过了设定值，则产生 MAX_RT 中断。

只要收到确认信号，nRF24L01 就认为最后一包数据已经发送成功，接收方已经收到数据，从而把 TX FIFO 中的数据清除掉并产生 TX_DS 中断(IRQ 引脚置高)。

4) nRF24L01 指令介绍

nRF24L01 的所有配置工作都是通过 SPI 完成的。CSN 为低后，SPI 接口等待执行指令，每一条指令的执行都必须通过一次 CSN 由高到低的变化。

➤ R_REGISTER(000AAAAA)：读配置寄存器。AAAAA 为读操作的寄存器地址。

➢ W_REGISTER(001AAAAA)：写配置寄存器。AAAAA 为写操作的寄存器地址。只有在掉电模式和待机模式下可操作。

➢ R_RX_PAYLOAD(01100001)：读 RX 有效数据，1～32 字节。读操作全部从字节 0 开始。当读 RX 有效数据完成后，FIFO 寄存器中的有效数据将被清除。应用于接收模式下。

➢ W_RX_PAYLOAD(10100000)：写 TX 有效数据，1～32 字节。写操作从字节 0 开始。应用于发射模式下。

➢ FLUSH_TX(11100001)：清除 TX FIFO 寄存器，应用于发射模式下。

➢ FLUSH_RX(11100010)：清除 RX FIFO 寄存器，应用于接收模式下。在传输应答信号过程中不应执行此指令。也就是说，若传输应答信号过程中执行此指令，将使得应答信号不能被完整地传输。

➢ REUSE_TX_PL(11100011)：重新使用上一包有效数据。当 CE 为高时，数据包被不断地重新发射。在发射数据包的过程中，必须禁止数据包重利用功能。

➢ NOP(1111 1111)：空操作。用来读状态寄存器。

5) nRF24L01 重要寄存器介绍

nRF24L01 功能繁多，自身拥有 17 个配置寄存器，配置好一些关键的寄存器就显得尤为重要。以下介绍 nRF24L01 几个重要的配置寄存器。

➢ CONFIG(00H)：配置寄存器，用于对 nRF24L01 进行基本配置，包含各中断使能、CRC 使能、CRC 模式选择以及芯片电源配置、收发模式配置。

➢ EN_AA Enhanced Shockburst(01H)：使能"自动应答"功能，此功能禁止后可与 nRF24L01 通信，0～5 位分别为数据通道 0～数据通道 5 的"自动应答"设置位。

➢ EN_RXADDR(02H)：接收地址允许寄存器，0～5 位分别为数据通道 0～数据通道 5 的接收允许设置位。

➢ SETUP_AW(03H)：设置地址宽度(所有数据通道)。

➢ SETUP_RETR(04H)：建立自动重发寄存器，包括设置自动重发等待时间和自动重发次数。

➢ RF_CH(05H)：射频通道，用于配置设备的工作通道频率。

➢ RF_SETUP(06H)：射频寄存器，主要用于配置传输速率和发射功率。

➢ STATUS(07H)：状态寄存器，主要用于读取发射或接收的状态。

➢ RX_ADDR_P0～RX_ADDR_P5(0AH～0FH)：数据通道 0～数据通道 5 接收地址配置寄存器。RX_ADDR_P0 和 RX_ADDR_P1 为 40 位寄存器，可配置 5 字节地址；RX_ADDR_P2～RX_ADDR_P5 为 8 位寄存器，最低字节可设置，高字节部分必须与 RX_ADDR_P1[39:8] 相等。

➢ TX_ADDR(10H)：配置发送地址，在 Enhanced Shockburst 模式下与 RX_ADDR_P0 地址相同。

➢ RX_PW_P0～RX_PW_P5(11H～16H)：发送数据寄存器，分别配置数据通道 0～数据通道 5 要发送的数据，最长 32 字节。

➢ FIFO_STATUS(17H)：FIFO 状态寄存器，可读取或清除关于发送或接收堆栈的状态。

3. 分析及指导

1) 硬件电路设计参考

无线通信部分可以直接购买现成的 nRF24L01 无线通信模块。图 3.5.2 所示为杭州飞拓电子科技有限公司出品的 RF24L01B(PCB 板载天线)无线通信模块。

图 3.5.2　无线通信模块

数据采集及发送端电路如图 3.5.3(a)所示。本示例以单节点温度数据采集为例，选用 DS18B20 采集环境温度，DS18B20 与单片机的硬件连接方式参见实训 1。数据接收端电路如图 3.5.3(b)所示，数码管显示部分采用学习板电路。nRF24L01 芯片具有 SPI 接口，SST89E516RD 单片机也具有 SPI 接口，对于 SPI 接口的控制我们在实训 2 中做过示例。本例我们选用单片机的普通 IO 口与 nRF24L01 芯片 SPI 接口对接，程序模拟 SPI 接口时序完成。

注意：nRF24L01 的电源电压为 3.3 V(需要设计降压电路)，但 nRF24L01 的端口可接受 5 V 电平的输入。

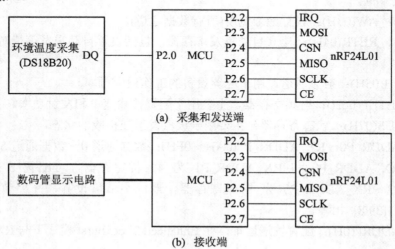

(a)　采集和发送端

(b)　接收端

图 3.5.3　实训 5 硬件参考电路

注意：本图省略了振荡电路、复位电路、数码管显示电路等学习板上的电路，学习板电路参看附录 A。

2) 参考程序流程图

该实训的参考程序流程图如图 3.5.4 所示。

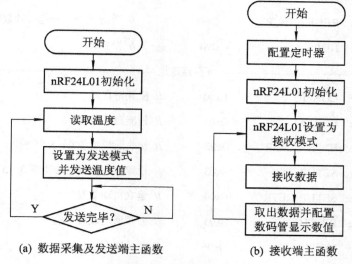

(a) 数据采集及发送端主函数   (b) 接收端主函数

图 3.5.4 实训 5 参考程序流程

3) 参考程序示例

实训 5 的参考程序如下：

1.	/*-----------------------------数据采集和发送端程序-----------------------------*/		
2.	#include<reg52.h>		
3.			
4.	typedef unsigned int uint;		
5.	typedef unsigned char uchar;		
6.	/*---*/		
7.	#define TX_ADDR_WITDH 5	// 发送地址宽度设置为 5 个字节	
8.	#define RX_ADDR_WITDH 5	// 接收地址宽度设置为 5 个字节	
9.	#define TX_DATA_WITDH 2	// 发送数据宽度 1 个字节	
10.	#define RX_DATA_WITDH 2	// 接收数据宽度 1 个字节	
11.	/*---------------------------------命令寄存器---------------------------------*/		
12.	#define R_REGISTER	0x00	// 读取配置寄存器
13.	#define W_REGISTER	0x20	// 写配置寄存器
14.	#define R_RX_PAYLOAD	0x61	// 读取 RX 有效数据
15.	#define W_TX_PAYLOAD	0xa0	// 写 TX 有效数据

16.	#define	FLUSH_TX	0xe1	// 清除 TXFIFO 寄存器
17.	#define	FLUSH_RX	0xe2	// 清除 RXFIFO 寄存器
18.	#define	REUSE_TX_PL	0xe3	// 重新使用上一包有效数据
19.	#define	NOP	0xff	// 空操作
20.	/*----------------------------------寄存器地址--*/			
21.	#define	CONFIG	0x00	// 配置寄存器
22.	#define	EN_AA	0x01	// 使能自动应答
23.	#define	EN_RXADDR	0x02	// 接收通道使能 0~5 个通道
24.	#define	SETUP_AW	0x03	// 设置数据通道地址宽度 3~5
25.	#define	SETUP_RETR	0x04	// 建立自动重发
26.	#define	RF_CH	0x05	// 射频通道设置
27.	#define	RF_SETUP	0x06	// 射频寄存器
28.	#define	STATUS	0x07	// 状态寄存器
29.	#define	OBSERVE_TX	0x08	// 发送检测寄存器
30.	#define	CD	0x09	// 载波
31.	#define	RX_ADDR_P0	0x0a	// 数据通道 0 接收地址
32.	#define	RX_ADDR_P1	0x0b	// 数据通道 1 接收地址
33.	#define	RX_ADDR_P2	0x0c	// 数据通道 2 接收地址
34.	#define	RX_ADDR_P3	0x0d	// 数据通道 3 接收地址
35.	#define	RX_ADDR_P4	0x0e	// 数据通道 4 接收地址
36.	#define	RX_ADDR_P5	0x0f	// 数据通道 5 接收地址
37.	#define	TX_ADDR	0x10	// 发送地址
38.	#define	RX_PW_P0	0x11	// P0 通道数据宽度设置
39.	#define	RX_PW_P1	0x12	// P1 通道数据宽度设置
40.	#define	RX_PW_P2	0x13	// P2 通道数据宽度设置
41.	#define	RX_PW_P3	0x14	// P3 通道数据宽度设置
42.	#define	RX_PW_P4	0x15	// P4 通道数据宽度设置
43.	#define	RX_PW_P5	0x16	// P5 通道数据宽度设置
44.	#define	FIFO_STATUS	0x17	// FIFO 状态寄存器
45.				
46.	sbit CE = P2^7;			// RX/TX 模式选择端

```
47.    sbit IRQ = P2^2;              // 可屏蔽中断端
48.    sbit CSN = P2^4;              // SPI 片选端，就是 SS
49.    sbit MOSI = P2^3;             // SPI 主机输出从机输入端
50.    sbit MISO = P2^5;             // SPI 主机输出从机输出端
51.    sbit SCLK = P2^6;             // SPI 时钟端
52.    sbit  DQ  = P2^0;             // DS18B20 数据端
53.
54.    idata unsigned char TxDate[2];                    // 待发送数据
55.    uchar code TxAddr[] = {0x34,0x43,0x10,0x10,0x01};   // 发送地址
56.
57.    uchar bdata sta;           // 状态标志
58.    sbit RX_DR=sta^6;
59.    sbit TX_DS=sta^5;
60.    sbit MAX_RT=sta^4;
61.
62.    void Delay(unsigned int xms);    // 延时函数
63.    uchar NRFSPI(uchar date);        // SPI 时序函数
64.    void NRF24L01Int();              // NRF24L01 初始化函数
65.    uchar NRFReadReg(uchar RegAddr);    // SPI 读寄存器一字节函数
66.    uchar NRFWriteReg(uchar RegAddr,uchar date);    // SPI 写寄存器一字节函数
67.    uchar NRFWriteTxDate(uchar RegAddr,uchar *TxDate,uchar DateLen);    // SPI 写入 TXFIFO
       寄存器的值
68.    void NRFSetTxMode(uchar *TxDate);        // NRF 设置为发送模式并发送数据
69.    uchar CheckACK();                        // 检测应答信号
70.    bit DS18B20_Reset();                     // DS18B20 复位函数
71.    bit DS18B20_Readbit();                   // DS18B20 读一个位
72.    uchar DS18B20_ReadByte();                // DS18B20 读一个字节
73.    void DS18B20_WriteByte(uchar dat);       // DS18B20 写一个字节
74.    uint DS18B20_ReadTemp();                 // 温度转换及读取
75.    /*-------------------------------------------------------------------------*/
76.    void main()
```

```
77.   {
78.      uint temp;
79.      NRF24L01Int();
80.      temp = DS18B20_ReadTemp();        // 第一次读温度
81.      while(1)
82.      {
83.         temp    = DS18B20_ReadTemp();
84.         TxDate[1]=temp;
85.         TxDate[0]=(temp>>8);
86.         NRFSetTxMode(TxDate);          // 发送
87.         while(CheckACK());            // 等待发送完毕
88.      }
89.   }
90. /*--------------------------------------------------------------------------------*/
91. void Delay(unsigned int xms)          // 毫秒级延时函数，延时 xms 毫秒
92. {
93.      // 省略……
94. }
95. /*--------------------------------------------------------------------------------*/
96. uchar NRFSPI(uchar date)              // SPI 时序函数，用普通 IO 口模拟 SPI 时序
97. {
98.      uchar i;
99.      for(i=0;i<8;i++)                  // 循环 8 次
100.     {
101.        if(date&0x80)    MOSI=1;
102.        else             MOSI=0;       // Byte 最高位输出到 MOSI
103.        date<<=1;                       // 低一位移位到最高位
104.        SCLK=1;          // 拉高 SCK
105.        if(MISO)          // nRF24L01 从 MOSI 读入 1 位数据，同时从 MISO 输出 1 位数据
106.          date|=0x01;     // 读 MISO 到 Byte 最低位
107.        SCLK=0;          // SCK 置低
```

```
108.        }
109.        return(date);                    // 返回读出的一字节
110.    }
111.    /*----------------------------------------------------------------------------------------------------------------*/
112.    void NRF24L01Int()                   // NRF24L01 初始化函数
113.    {
114.        Delay(2);
115.        CE=0;                            // 待机模式 1
116.        CSN=1;
117.        SCLK=0;
118.        IRQ=1;
119.    }
120.    /*----------------------------------------------------------------------------------------------------------------*/
121.    uchar NRFReadReg(uchar RegAddr)      // SPI 读寄存器一字节函数
122.    {
123.        uchar BackDate;
124.        CSN=0;                           // 启动时序
125.        NRFSPI(RegAddr);                 // 写寄存器地址
126.        BackDate=NRFSPI(0x00);           // 写入读寄存器指令
127.        CSN=1;
128.        return(BackDate);                // 返回状态
129.    }
130.    /*----------------------------------------------------------------------------------------------------------------*/
131.    uchar NRFWriteReg(uchar RegAddr,uchar date)   // SPI 写寄存器一字节函数
132.    {
133.        uchar BackDate;
134.        CSN=0;                           // 启动时序
135.        BackDate=NRFSPI(RegAddr);        // 写入地址
136.        NRFSPI(date);                    // 写入值
137.        CSN=1;
138.        return(BackDate);
```

```
139.    }
140.    /*---------------------------------------------------------------------*/
141.    uchar NRFWriteTxDate(uchar RegAddr,uchar *TxDate,uchar DateLen)
142.    { //寄存器地址//写入数据存放变量//读取数据长度//用于发送
143.        uchar BackDate,i;
144.        CSN=0;
145.        BackDate=NRFSPI(RegAddr);                  // 写入要写入寄存器的地址
146.        for(i=0;i<DateLen;i++)                     // 写入数据
147.          {
148.              NRFSPI(*TxDate++);
149.          }
150.        CSN=1;
151.        return(BackDate);
152.    }
153.    /*---------------------------------------------------------------------*/
154.    void NRFSetTxMode(uchar *TxDate)          // NRF 设置为发送模式并发送数据
155.    {
156.      CE=0;
157.      NRFWriteTxDate(W_REGISTER+TX_ADDR,TxAddr,TX_ADDR_WITDH);   //写寄存
        器指令+接收地址使能指令，接收地址，地址宽度
158.      NRFWriteTxDate(W_REGISTER+RX_ADDR_P0,TxAddr,TX_ADDR_WITDH);   //为了
        应答接收设备，接收通道 0 地址和发送地址相同
159.      NRFWriteTxDate(W_TX_PAYLOAD,TxDate,TX_DATA_WITDH);        //写入数据
160.      NRFWriteReg(W_REGISTER+EN_AA,0x01);           // 使能接收通道 0 自动应答
161.      NRFWriteReg(W_REGISTER+EN_RXADDR,0x01);  // 使能接收通道 0
162.      NRFWriteReg(W_REGISTER+SETUP_RETR,0x0a);  // 自动重发延时等待 250us+86us,
        自动重发 10 次
163.      NRFWriteReg(W_REGISTER+RF_CH,0x40);          // 选择射频通道 0x40
164.      NRFWriteReg(W_REGISTER+RF_SETUP,0x07);       // 数据传输率 1Mb/s，发射功率
        0dBm, 低噪声放大器增益
165.      NRFWriteReg(W_REGISTER+CONFIG,0x0e);         // CRC 使能，16 位 CRC 校验，上
```

電，发射模式

166.	CE=1;
167.	Delay(5);　// 保持 10 μs 秒以上
168.	}
169.	/*--*/
170.	uchar CheckACK()　　　　// 检测应答信号
171.	{
172.	sta=NRFReadReg(R_REGISTER+STATUS);　　　　// 返回状态寄存器
173.	if(TX_DS‖MAX_RT)　　　　　　// 发送完毕中断
174.	{
175.	NRFWriteReg(W_REGISTER+STATUS,0xff);　// 清除 TX_DS 或 MAX_RT 中断标志
176.	CSN=0;
177.	NRFSPI(FLUSH_TX);　　　//用于清空 FIFO
178.	CSN=1;
179.	return(0);
180.	}
181.	else
182.	return(1);
183.	}
184.	/*--*/
185.	bit DS18B20_Reset()　　// DS18B20 复位函数
186.	{
187.	// 省略……　参考实训 1
188.	}
189.	/*--*/
190.	bit DS18B20_Readbit()　　　　　// DS18B20 读一个位
191.	{
192.	// 省略……　参考实训 1
193.	}
194.	/*--*/
195.	uchar DS18B20_ReadByte()　　　　// DS18B20 读一个字节

```
196.    {
197.        // 省略……   参考实训 1
198.    }
199.    /*-------------------------------------------------------------------------------------------------*/
200.    void DS18B20_WriteByte(uchar dat)              // DS18B20 写一个字节
201.    {
202.        // 省略……   参考实训 1
203.    }
204.    /*-------------------------------------------------------------------------------------------------*/
205.    uint DS18B20_ReadTemp()          // 温度转换及读取
206.    {
207.        // 省略……   参考实训 1
208.    }
```

```
1.      /*------------------接收端，接收、处理无线模块收到的数据并用数码管显示------------------*/
2.      #include<reg52.h>
3.
4.      typedef unsigned int uint;
5.      typedef unsigned char uchar;
6.      /*-------------------------------------------------------------------------------------------------*/
7.      #define TX_ADDR_WITDH 5      //发送地址宽度设置为 5 个字节
8.      #define RX_ADDR_WITDH 5      //接收地址宽度设置为 5 个字节
9.      #define TX_DATA_WITDH 2      //发送数据宽度 1 个字节
10.     #define RX_DATA_WITDH 2      //接收数据宽度 1 个字节
11.     /*-------------------------------命令寄存器-------------------------------------------*/
12.     // 省略……   同发送端程序中的命令寄存器宏定义
13.     /*-------------------------------寄存器地址-------------------------------------------*/
14.     // 省略……   同发送端程序中的寄存器地址宏定义
15.
16.     sbit CE=P2^7;                    // RX/TX 模式选择端
```

```
17.    sbit IRQ=P2^2;                          // 可屏蔽中断端
18.    sbit CSN=P2^4;                          // SPI 片选端，就是 SS
19.    sbit MOSI=P2^3;                         // SPI 主机输出从机输入端
20.    sbit MISO=P2^5;                         // SPI 主机输出从机输出端
21.    sbit SCLK=P2^6;                         // SPI 时钟端
22.    sbit   Digce = P1^1;
23.    sbit   Segce = P1^0;
24.
25.    uchar RevTempDate[2];
26.    uchar code TxAddr[]={0x34,0x43,0x10,0x10,0x01};                    // 发送地址
27.    uchar Segtab[]={0x3f,0x06,0x5b,0x4f,0x66,0x6d,0x7d,0x07,0x7f,0x6f,  // 共阴数码管段码表
28.                   0xbf,0x86,0xdb,0xcf,0xe6,0xed,0xfd,0x87,0xff,0xef};
29.    uchar Digtab[]={0xfe,0xfd,0xfb,0xf7,0xef,0xdf,0xbf,0x7f};           // 位选数组
30.    uchar flag_3ms;
31.    uchar shi,ge,xiao1,xiao2;
32.    uchar bdata sta;                        // 状态标志
33.    sbit RX_DR=sta^6;
34.    sbit TX_DS=sta^5;
35.    sbit MAX_RT=sta^4;
36.
37.    void Delay(unsigned int xms);           // 延时函数
38.    void Display(uchar seg,uchar dig);      // 数码管显示函数
39.    uchar NRFSPI(uchar date);               // SPI 时序函数
40.    void NRF24L01Int();                     // nRF24L01 初始化函数
41.    uchar NRFReadReg(uchar RegAddr);        // SPI 读寄存器一字节函数
42.    uchar NRFWriteReg(uchar RegAddr,uchar date);   // SPI 写寄存器一字节函数
43.    uchar NRFReadRxDate(uchar RegAddr,uchar *RxDate,uchar DateLen); // SPI 读取 RXFIFO
       寄存器的值
44.    uchar NRFWriteTxDate(uchar RegAddr,uchar *TxDate,uchar DateLen); // SPI 写入 TXFIFO
       寄存器的值
45.    void NRFSetRXMode();    // NRF 设置为接收模式并接收数据
```

```
46.    void GetDate();              // 接收数据
47.    /*---------------------------------------------------------------------------*/
48.    void main()
49.    {
50.       uint temp1 ;
51.       TMOD = 0x01;              // 定时器 T0 工作方式 1
52.       EA   = 1;
53.       ET0  = 1;                 // 开定时器中断允许位
54.       TL0  = (65536-3000)%256;            // 赋初值
55.       TH0  = (65536-3000)/256;
56.       TR0  = 1;                          // 启动定时器
57.       NRF24L01Int();
58.       while(1)
59.       {
60.          NRFSetRXMode();                 //设置为接收模式
61.          GetDate();                      //开始接收数据
62.          temp1=RevTempDate[0];
63.          temp1<<=8;
64.          temp1=temp1|RevTempDate[1];
65.          shi   = temp1/1000;
66.          ge    = temp1/100%10;
67.          xiao1 = temp1%100/10;
68.          xiao2 = temp1%10;
69.       }
70.    }
71.    /*---------------------------------------------------------------------------*/
72.    void Delay(unsigned int xms)          //毫秒级的延时函数, 延时 xms 毫秒
73.    {
74.       // 省略……
75.    }
```

```
76.   /*--------------------------------------------------------------------------------------*/
77.   void Display(uchar seg,uchar dig)   // 数码管显示函数
78.   {
79.       // 省略……
80.   }
81.   /*--------------------------------------------------------------------------------------*/
82.   uchar NRFSPI(uchar date)   // nRF24L01  SPI 接口时序函数，使用普通 IO 口模拟 SPI
      接口
83.   {
84.       // 省略……    同发送端程序中的同名函数
85.   }
86.   /*--------------------------------------------------------------------------------------*/
87.   void nRF24L01Int()             // nRF24L01 初始化函数
88.   {
89.       // 省略……    同发送端程序中的同名函数
90.   }
91.   /*--------------------------------------------------------------------------------------*/
92.   uchar NRFReadReg(uchar RegAddr)     // SPI 读取 RXFIFO 寄存器的值
93.   {
94.       // 省略……    同发送端程序中的同名函数
95.   }
96.   /*--------------------------------------------------------------------------------------*/
97.   uchar NRFWriteReg(uchar RegAddr,uchar date)   // SPI 写入 TXFIFO 寄存器的值
98.   {
99.       // 省略……    同发送端程序中的同名函数
100.  }
101.  /*--------------------------------------------------------------------------------------*/
102.  uchar NRFReadRxDate(uchar RegAddr,uchar *RxDate,uchar DateLen)
103.  {  //寄存器地址   //读取数据存放变量   //读取数据长度   //用于接收
104.      // 省略……    同发送端程序中的同名函数
```

```
105.   }
106.   /*---------------------------------------------------------------------------------------------------------*/
107.   uchar NRFWriteTxDate(uchar RegAddr,uchar *TxDate,uchar DateLen)
108.   { //寄存器地址   //写入数据存放变量   //读取数据长度   //用于发送
109.       // 省略……       同发送端程序中的同名函数
110.   }
111.   /*---------------------------------------------------------------------------------------------------------*/
112.   void NRFSetRXMode()        // NRF 设置为接收模式并接收数据
113.   {
114.       CE=0;
115.       NRFWriteTxDate(W_REGISTER+RX_ADDR_P0,TxAddr,TX_ADDR_WITDH); // 接
       收设备接收通道 0 使用和发送设备相同的发送地址
116.       NRFWriteReg(W_REGISTER+EN_AA,0x01);              // 使能接收通道 0 自动应答
117.       NRFWriteReg(W_REGISTER+EN_RXADDR,0x01);       // 使能接收通道 0
118.       NRFWriteReg(W_REGISTER+RF_CH,0x40);              // 选择射频通道 0x40
119.       NRFWriteReg(W_REGISTER+RX_PW_P0,TX_DATA_WITDH);   // 接收通道 0 选择
       和发送通道相同的有效数据宽度
120.       NRFWriteReg(W_REGISTER+RF_SETUP,0x07);   // 数据传输率 1Mb/s，发射功率
       0dBm，低噪声放大器增益
121.       NRFWriteReg(W_REGISTER+CONFIG,0x0f);       // CRC 使能，16 位 CRC 校验，上
       电，接收模式
122.       CE = 1;
123.       Delay(5);             //保持 10 μs 秒以上
124.   }
125.   /*---------------------------------------------------------------------------------------------------------*/
126.   void GetDate()                // 接收数据
127.   {
128.     sta=NRFReadReg(R_REGISTER+STATUS);        //发送数据后读取状态寄存器
129.     if(RX_DR)                                      // 判断是否接收到数据
130.     {
131.       CE=0;  // 待机
132.       NRFReadRxDate(R_RX_PAYLOAD,RevTempDate,RX_DATA_WITDH);          // 从
```

	RXFIFO 读取数据，接收 4 位即可，后一位为结束位
133.	NRFWriteReg(W_REGISTER+STATUS,0xff);　　　// 接收到数据后 RX_DR, TX_DS, MAX_PT 都置高为 1，通过写 1 来清除中断标识
134.	CSN=0;
135.	NRFSPI(FLUSH_RX);　　　　　　　　　　　// 用于清空 FIFO
136.	CSN=1;
137.	}
138.	}
139.	/*---*/
140.	void T0_timer()interrupt 1　//每 3ms 显示一位数码管，用 4 位数码管显示收到的温度值
141.	{
142.	省略……
143.	}

附录 A　51 单片机学习板原理电路图

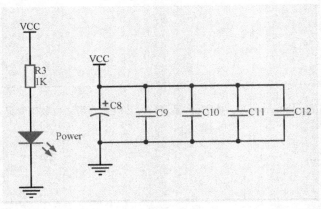

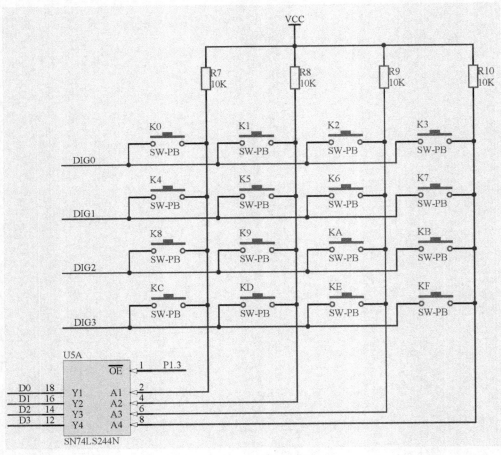

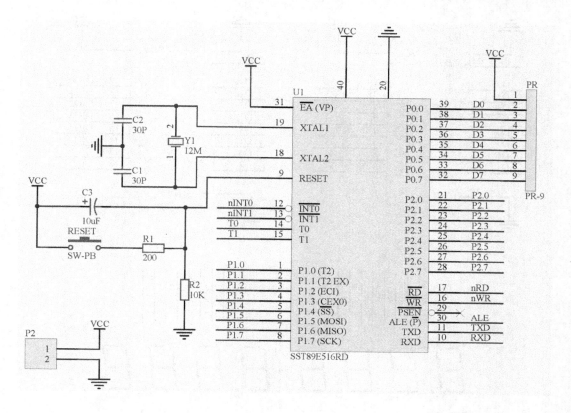

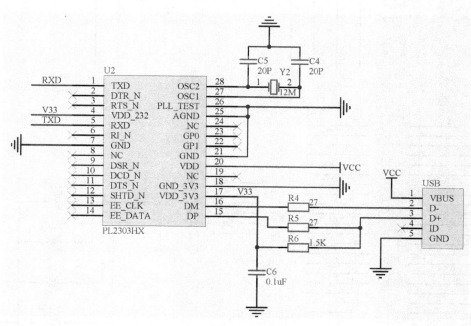

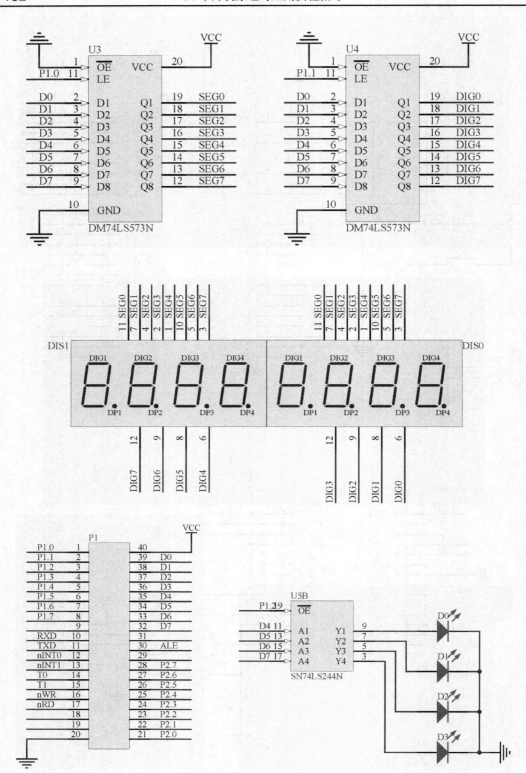

附录 B　51单片机学习板器件清单

器件名称	规　　格		数　量	器件标号
电容	独石电容	30 pF	2	C1、C2
	独石电容	22 pF	2	C4、C5
	独石电容	0.1 μF	5	C6、C9、C10、C11、C12
	电解电容	10uF	2	C3、C8
排阻	9Pin	10 kΩ	1	PR
电阻	1/4W	200 Ω	1	R1
	1/4W	10 kΩ	5	R2、R7、R8、R9、R10
	1/4W	1 kΩ	1	R3
	1/4W	27 Ω	2	R4、R5
	1/4W	1.5 kΩ	1	R6
晶振	无源	12 MHz	2	Y1、Y2
发光二极管	Φ5		5	Power、D0、D1、D2、D3
数码管	4 位、共阴		2	DIS0、DIS1
按键			17	K0、K1、K2、K3、K4、K5、K6、K7、K8、K9、KA、KB、KC、KD、KE、KF、RESET
扩展接插座	40Pin		1	P1
插针	2Pin		1	P2
芯片座子	40Pin		1	U1
	20Pin		3	U3、U4、U5
USB 接口			1	USB
芯片	PL2303	贴片	1	U2
	SST89E516RD	直插	1	U1
	74HC573	直插	2	U3、U4
	74LS244	直插	1	U5
铜柱+螺帽			4	
PCB 板			1	

附录 C　51 单片机学习板测试程序

```
1    #include <REGX51.H>
2
3    sbit En_Seg = P1^0;
4    sbit En_Dig = P1^1;
5    sbit En_Led = P1^2;
6    sbit En_Key = P1^3;
7    sbit Test = TCON^0;
8    unsigned char T1_Data;
9    unsigned char Key_Value;
10   unsigned char Dis_Data[8];
11   unsigned char Tab_Data[16] = {0X3F,0X06,0X5B,0X4F,0X66,0X6D,0X7D,0X07,
     0X7F,0X6F,0X77,0X7F,0X39,0X3F,0X79,0X71};
12   /*-------------------------------------------------------------------------*/
13   void main()
14   {
15       P1    = 0x0C;
16       EA    = 0;
17       TR1   = 0;
18       TMOD = 0x20;
19       Test = 0;
20       ET1   = 1;
21       EA    = 1;
22       TR1   = 1;
23       T1_Data   = 0x00;
24       Key_Value = 0xFF;
25       En_Led = 0;
26       P0    = 0xFF;
27       Dis_Data[7]   = Tab_Data[7];
28       Dis_Data[6]   = Tab_Data[6];
29       Dis_Data[5]   = Tab_Data[5];
30       Dis_Data[4]   = Tab_Data[4];
```

```
31          Dis_Data[3]    = Tab_Data[3];
32          Dis_Data[2]    = Tab_Data[2];
33          Dis_Data[1]    = Tab_Data[1];
34          Dis_Data[0]    = Tab_Data[0];
35          while(1)
36          {
37              if(Key_Value != 0xFF)
38              {
39                  Dis_Data[7] = Dis_Data[6];
40                  Dis_Data[6] = Dis_Data[5];
41                  Dis_Data[5] = Dis_Data[4];
42                  Dis_Data[4] = Dis_Data[3];
43                  Dis_Data[3] = Dis_Data[2];
44                  Dis_Data[2] = Dis_Data[1];
45                  Dis_Data[1] = Dis_Data[0];
46                  Dis_Data[0] = Tab_Data[Key_Value];
47                  Key_Value    = 0xFF;
48              }
49          }
50  }
51  /*-----------------------------------------------------------------------------------------------------------*/
52  void ext_into_isr() interrupt TF1_VECTOR
53  {
54      unsigned char KData = 0x00;
55      switch(T1_Data/10)
56      {
57          case 0x00 : P0 = 0x00;      En_Seg = 1;      En_Seg = 0;
58                      P0 = 0xFE;      En_Dig = 1;      En_Dig = 0;
59                      En_Key = 0;
60                      KData  = P0;
61                      switch(KData)
62                      {
63                          case 0xFE : Key_Value = 0x00; break;
64                          case 0xFD : Key_Value = 0x01; break;
65                          case 0xFB : Key_Value = 0x02; break;
66                          case 0xF7 : Key_Value = 0x03; break;
67                          default    : break;
```

```
68                              }
69                              En_Key = 1;
70                              P0 = Dis_Data[0];        En_Seg = 1;        En_Seg = 0;
71                              T1_Data++;
72                              break;
73              case 0x01 : P0 = 0x00;        En_Seg = 1;        En_Seg = 0;
74                              P0 = 0xFD;        En_Dig = 1;        En_Dig = 0;
75                              En_Key = 0;
76                              KData    = P0;
77                              switch(KData)
78                              {
79                                      case 0xFE : Key_Value = 0x04; break;
80                                      case 0xFD : Key_Value = 0x05; break;
81                                      case 0xFB : Key_Value = 0x06; break;
82                                      case 0xF7 : Key_Value = 0x07; break;
83                                      default    : break;
84                              }
85                              En_Key = 1;
86                              P0 = Dis_Data[1];        En_Seg = 1;        En_Seg = 0;
87                              T1_Data++;
88                              break;
89              case 0x02 : P0 = 0x00;        En_Seg = 1;        En_Seg = 0;
90                              P0 = 0xFB;        En_Dig = 1;        En_Dig = 0;
91                              En_Key = 0;
92                              KData    = P0;
93                              switch(KData)
94                              {
95                                      case 0xFE : Key_Value = 0x08; break;
96                                      case 0xFD : Key_Value = 0x09; break;
97                                      case 0xFB : Key_Value = 0x0A; break;
98                                      case 0xF7 : Key_Value = 0x0B; break;
99                                      default    : break;
100                             }
101                             En_Key = 1;
102                             P0 = Dis_Data[2];        En_Seg = 1;        En_Seg = 0;
103                             T1_Data++;
104                             break;
```

```
105        case 0x03 : P0 = 0x00;        En_Seg = 1;        En_Seg = 0;
106                    P0 = 0xF7;        En_Dig = 1;        En_Dig = 0;
107                    En_Key = 0;
108                    KData   = P0;
109                    switch(KData)
110                    {
111                        case 0xFE : Key_Value = 0x0C; break;
112                        case 0xFD : Key_Value = 0x0D; break;
113                        case 0xFB : Key_Value = 0x0E; break;
114                        case 0xF7 : Key_Value = 0x0F; break;
115                        default    : break;
116                    }
117                    En_Key = 1;
118                    P0 = Dis_Data[3];        En_Seg = 1;        En_Seg = 0;
119                    T1_Data++;
120                    break;
121        case 0x04 : P0 = Dis_Data[4];        En_Seg = 1;        En_Seg = 0;
122                    P0 = 0xEF;        En_Dig = 1;        En_Dig = 0;
123                    En_Key = 0;
124                    En_Key = 1;
125                    T1_Data++;
126                    break;
127        case 0x05 : P0 = Dis_Data[5];        En_Seg = 1;        En_Seg = 0;
128                    P0 = 0xDF;        En_Dig = 1;        En_Dig = 0;
129                    En_Key = 0;
130                    En_Key = 1;
131                    T1_Data++;
132                    break;
133        case 0x06 : P0 = Dis_Data[6];        En_Seg = 1;        En_Seg = 0;
134                    P0 = 0xBF;        En_Dig = 1;        En_Dig = 0;
135                    En_Key = 0;
136                    En_Key = 1;
137                    T1_Data++;
138                    break;
139        case 0x07 : P0 = Dis_Data[7];        En_Seg = 1;        En_Seg = 0;
140                    P0 = 0x7F;        En_Dig = 1;        En_Dig = 0;
141                    En_Key = 0;
```

142	En_Key = 1;
143	T1_Data = 0x00;
144	break;
145	default : T1_Data = 0x00;
146	break;
147	}
148	}

注意：执行本测试程序后正常现象为：4 盏发光二极管全部点亮，初始状态 8 位数码管从左往右依次
　　 显示 "76543210"，按下任意按键(K0～KF)，数码管显示相应键值。

附录 D　Proteus 部分常用器件对照表

器　件		类　别	子类别
CAP-ELEC	电解电容	Capacitors	Generic
CAP	电容	Capacitors	Generic
RES	电阻	Resistors	Generic
BUTTON	按键	Swtiches&Relays	
AT89C51	单片机 AT89C51	Microprocessor ICs	
CRYSTAL	晶振	Miscellaneous	
RESPACK-8	9 脚排阻	Resistors	Resistors Packs
PULLUP	上拉电阻	DSIMMDLS	
PULLDOWN	下拉电阻	DSIMMDLS	
7SEG—MPX2—CA	七段共阴两位数码管	Display	
7SEG—MPX2—CC	七段共阳两位数码管	Display	
LED—BARGRAPH—GRN	光条(绿色)	Display	
MATRIX—8×8—BLUE	8×8 点阵屏(蓝色)	Display	
A/DC0808	模/数转换控制芯片	NATDAC	
D/AC0832	数/模转换控制芯片	NATDAC	

附录 E　书中涉及的主要器件的引脚图和功能表

1) 74LS244(3 态 8 位缓冲器)

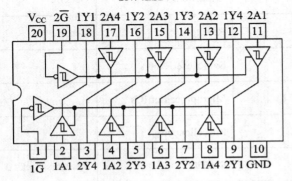

图 F.1　74LS244 引脚图和真值表

SN74LS244		
INPUTS		OUTPUT
$\overline{1G}, \overline{2G}$	D	
L	L	L
L	H	H
H	X	(Z)

注：74LS244 引脚图和真值表截图自 SN74LS244 数据手册。

2) 74LS273(8D 触发器)

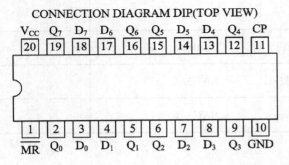

图 F.2　74LS273 引脚图和真值表

TRUTH TABLE

$\overline{MR}$	CP	D_x	Q_x
L	X	X	L
H	↑	H	H
H	↑	L	L

H＝HIGH Logic Level
L＝LOW Logic Level
X＝Immatenal

注：74LS273 引脚图和真值表截图自 SN74LS273 数据手册。

3) 74LS138(3-8 译码器)

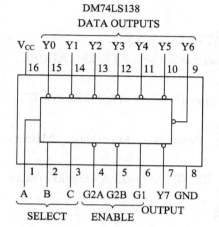

Inputs					Outputs							
Enable		Select										
G1	G2(Note 1)	C	B	A	Y0	Y1	Y2	Y3	Y4	Y5	Y6	Y7
X	H	X	X	X	H	H	H	H	H	H	H	H
L	X	X	X	X	H	H	H	H	H	H	H	H
H	L	L	L	L	L	H	H	H	H	H	H	H
H	L	L	L	H	H	L	H	H	H	H	H	H
H	L	L	H	L	H	H	L	H	H	H	H	H
H	L	L	H	H	H	H	H	L	H	H	H	H
H	L	H	L	L	H	H	H	H	L	H	H	H
H	L	H	L	H	H	H	H	H	H	L	H	H
H	L	H	H	L	H	H	H	H	H	H	L	H
H	L	H	H	H	H	H	H	H	H	H	H	L

图 F.3　74LS138 引脚图和真值表

注：74LS138 引脚图和真值表截图自 DM74LS138 数据手册。

4) 74HC573(3 态非反转锁存器)

PIN ASSIGNMENT

```
OUTPUT ENABLE [ 1      20 ] Vcc
          D0 [ 2      19 ] Q0
          D1 [ 3      18 ] Q1
          D2 [ 4      17 ] Q2
          D3 [ 5      16 ] Q3
          D4 [ 6      15 ] Q4
          D5 [ 7      14 ] Q5
          D6 [ 8      13 ] Q6
          D7 [ 9      12 ] Q7
         GND [ 10     11 ] LATCH ENABLE
```

FUNCTION TABLE

Inputs			Output
Output Enable	Latch Enable	D	Q
L	H	H	H
L	H	L	L
L	L	X	no change
H	X	X	Z

X＝don t care
Z＝high impedance

图 F.4　74HC573 引脚图和真值表

注：74HC573 引脚图和真值表截图自 SL74HC573 数据手册。

参 考 文 献

[1]　8-bit Microcontroller With 4K Bytes Flash AT89C51. ATMEL , 2000.

[2]　8-bit Microcontroller with 4K Bytes In-System Programmable Flash AT89S51. ATMEL，2008.

[3]　8-bit Microcontroller with 8K Bytes In-System Programmable Flash AT89S52. ATMEL，2008.

[4]　8-bit 8051-Compatible Microcontroller(MCU)with Embedded SuperFlash Memory SST89E516RD. SST. 2004.

[5]　Programmable Resolution 1-Wire Digital Thermometer，DS18B20，DALLAS Semiconductor, 2008.

[6]　Two-wire Serial EEPROM AT24C02，ATMEL，2007.

[7]　Single chip 2.4GHz Transceiver nRF24L01，NORDIC Semiconductor，2006.

[8]　红外接收头 VS1838 数据手册，深圳市兰丰科技有限公司.

[9]　SN74LS244，Octal Buffer/Line Driver with 3-State Outputs，ON Semiconductor，2000.

[10]　DM74LS138，Decoder/Demultiplexer，FAIRCHILD Semiconductor，1986.

[11]　SN74LS273，OCTAL D-TYPE FLIP-FLOP WITH CLEAR，ON Semiconductor, 2000.

[12]　SL74HC573，Octal 3-State Noninverting Transparent Latch(High-Performance Silicon-Gate CMOS)，System Logic Semiconductor.

[13]　张毅刚. 单片机原理及接口技术(C51 编程). 北京：人民邮电出版社，2011.

[14]　王东锋，等. 单片机 C 语言应用 100 例. 北京：电子工业出版社，2009.